养生 | 美容 | 滋补 | 强身 | 调理

一煲好汤全搞定！

味谷的养生汤煲

味谷Sulin 著

黑龙江科学技术出版社
HEILONGJIANG SCIENCE AND TECHNOLOGY PRESS

图书在版编目（CIP）数据

味谷的养生汤煲 / 味谷 Sulin 著 . -- 哈尔滨 : 黑龙江科学技术出版社 , 2019.1
ISBN 978-7-5388-9848-4

Ⅰ . ①味… Ⅱ . ①味… Ⅲ . ①保健－汤菜－菜谱 Ⅳ . ① TS972.122

中国版本图书馆 CIP 数据核字 (2018) 第 200432 号

味谷的养生汤煲

WEIGU DE YANGSHENG TANGBAO

作　　者　味谷 Sulin
项目总监　薛方闻
责任编辑　徐　洋
策　　划　深圳市金版文化发展股份有限公司
封面设计　深圳市金版文化发展股份有限公司
出　　版　黑龙江科学技术出版社
　　　　　地址：哈尔滨市南岗区公安街 70-2 号　邮编：150007
　　　　　电话：（0451）53642106　传真：（0451）53642143
　　　　　网址：www.lkcbs.cn
发　　行　全国新华书店
印　　刷　深圳市雅佳图印刷有限公司
开　　本　720 mm×1020 mm　1/16
印　　张　14
字　　数　150 千字
版　　次　2019 年 1 月第 1 版
印　　次　2019 年 1 月第 1 次印刷
书　　号　ISBN 978-7-5388-9848-4
定　　价　48.00 元

作者序

广东有句俗语："宁可食无菜，不可食无汤。"可见汤对于人的重要性。我是一名地道的广东人，自小便从妈妈那里学会了煲汤的手艺，嫁人后婆家也有每天煲汤的习惯，一家老小对汤的需求各有不同。这样的环境，让我懂得了汤里的奥秘。

不同时节、不同天气、不同心情，都可以煲不同的汤。材料用法不同，功效也有差异，这是一件多么神奇而有趣的事啊！

汤的奥秘还不止于此，其中蕴含的情愫才更是动人。

许多温情故事里，总用到"洗手作羹汤"这句话。小时候我缠着母亲问：为什么是"羹汤"呢？为什么不是菜，不是包子，不是滑溜溜的面条呢？母亲告诉我，这是烹制者对食用者的一种温柔的情愫，但年幼的我始终懵懵懂懂。

当我为人妻、为人母时，却自然地懂得了其中的情愫：许多食物因为各种烹调手法，会失去原来的味道。羹汤却不是如此，烹制者需要花费两三个小时的时间，才能煲出原汁原味的汤水。汤料的营养充分溶解到汤水中，食用者趁着热乎劲儿喝下去，才最是滋补养人。

就这样，怀着烹制者对食用者的情愫，我喜欢上了煲汤。享受全家人齐聚一起喝汤的温暖；也享受对家人说"晚上早点回来，煲汤给你喝"时的那份温馨。因为那热腾腾的、正在灶台上咕嘟冒泡的不止是一锅汤，更是维系我和亲密之人关系的纽带。

煲一碗热汤，等爱回家。

四季养生，煲一碗酝酿节气的好汤

Part 02

女人这样喝汤，吃不胖、晒不黑、人不老

Part 03

老人健康不用药，汤汤水水更滋补

Part 04

一天一碗汤，让男人肾不虚、不疲劳

Part 05

元气靓汤，调节亚健康，激发身体自愈力

Part 06

对症药膳汤，赶走疾病，塑造健康好体质

Part 01

四季养生，
煲一碗酝酿节气的好汤

春夏秋冬，四季流转，气候随之变化，
人的身体也需应时调理。

CHAPTER 01

双豆土茯苓猪骨汤

春季是万物复苏的时节，此时最易招惹干燥、上火、便秘等常见身体不适。那么如何才能缓解这些不适呢？汤水是春天养生的好选择。

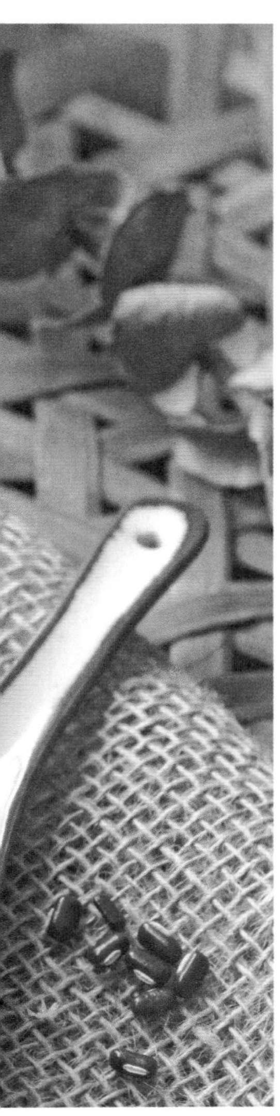

功效分析

赤小豆、花豆和土茯苓皆有清热祛湿之功，合而为汤，适用于因春季气候干燥引起的喉咙干、嗓子疼、上火等症状。

材料

排骨	500 克	陈皮	1 块
祛湿豆	40 克	姜	3 片
赤小豆	25 克	盐	适量
土茯苓	30 克		

烹饪方法

1 先将祛湿豆和赤小豆用水浸泡 30 分钟，土茯苓洗干净，排骨洗净斩件。
2 锅里放排骨，加适量凉水烧开，煮出浮沫血水后捞起来。
3 陈皮泡软后，刮掉白色内瓤；生姜去皮后拍扁。
4 将除盐外的所有材料入锅，加入 2.5 升左右的冷水，开火加热。
5 大火煮开后转小火慢煲 2 小时，出锅前放盐调味即可。

木棉花通常在3、4月份开花，所以4月11被定为木棉花的日子。它的花语也很美：珍惜身边的人，珍惜身边的幸福。木棉花开的时节，给最爱的人煲份好汤吧！

CHAPTER 02

木棉花薏米猪骨汤

材料

猪骨	500克	陈皮	1小块
干木棉花	50克	蜜枣	2颗
薏米	30克	姜	3片
扁豆	30克	盐	适量

烹饪方法

1 薏米、扁豆洗净，用清水浸泡1小时。

2 木棉花浸泡后洗净；陈皮洗净，刮掉白色内瓤；姜拍裂。

3 猪骨洗干净，放进沸水中焯水，捞起备用。

4 将除盐外的所有材料入锅，加入2.5升左右的冷水，大火煮开后，转小火慢煲2小时。

5 出锅前放入盐调味即可。

功效分析

木棉花和薏米皆有清热、祛湿、解毒之功效，与猪骨一起煲汤，适合春季祛湿之用。

CHAPTER
03

枇杷糖水

每年三四月，是枇杷盛产的好季节。枇杷鲜嫩多汁，吃起来酸甜可口。其果肉柔软多汁，酸甜适度，十分解馋。

功效分析

枇杷，味甘，性寒，入脾、肺，兼入肝，有润肺、止渴、下气之功效，适合初夏饮用。

材料

枇杷	适量
冰糖	适量

烹饪方法

1 枇杷洗净后去皮、去核、去除核周围的白膜。

2 枇杷放进锅内，加没过枇杷的水。

3 开大火烧开后转小火煮 15 分钟左右。

4 出锅前加入冰糖即可。

夏季，人们大多贪食冷饮冷食，常导致脾胃出现问题，此时若大鱼大肉进补，并不能很好地吸收，反而会增加脾胃负担。这时应多食用一些具滋补功效的素食，既可补虚，又不会增加脾胃负担。

CHAPTER 04

莲藕绿豆排骨汤

材料

排骨	400 克
莲藕	1 节
绿豆	60 克
盐	适量

烹饪方法

1 莲藕去皮切块。

2 排骨冷水入锅，水开后焯水 2 分钟。

3 将除盐外的所有材料一起入锅，加适量清水，大火烧开后，转小火炖 1.5 小时。

4 关火前加盐调味即可。

功效分析

本汤有清热解毒、消暑除烦之功效，对于暑热烦渴、疮毒痈肿等症有一定的辅助调理作用。

CHAPTER 05

竹荪葛根海底椰汤

夏季是一年中阳气最热的时节，在饮食上，要注意养心和消暑。炎炎夏日，做一碗适合全家人的竹笋葛根海底椰汤，实在是再合适不过了。

功效分析

竹荪润肺止咳；葛根清火排毒；海底椰除燥清热。此汤尤适合肺虚热咳、外感发热头痛者饮用。

材料

猪排骨	500克	芡实	15克
海底椰	10克	薏米	15克
竹荪	25克	葛根	15克
百合	10克	姜	2片
山药	15克	盐	适量

烹饪方法

1 将海底椰、竹荪、百合、山药、芡实、薏米、葛根用水浸泡30分钟。
2 猪骨洗干净后放沸水中焯水，去除油脂杂质血水，捞起沥水；姜拍裂。
3 竹荪剪掉菌尾端及顶部的网状物，用温盐水浸泡约15分钟左右洗净备用。
4 将除竹荪将和盐之外的所有材料入锅，加入2.5升冷水，大火煮开后，转小火慢煲2小时。出锅前15分钟放入竹荪和盐即可。

一到夏天，一家老少容易出现各种不适的问题，给他们煲雪梨山楂糖水，以改善身体不适。常见的食材，简单易做，成本低，效果好。

CHAPTER 06

雪梨山楂糖水

材料

雪梨	2个
山楂	300克
冰糖	适量

烹饪方法

1 将山楂挖去头尾，然后用筷子穿过中间将山楂子捅出来。

2 锅里放入山楂，加入适量清水。

3 开大火烧开后，转小火煮约20分钟。

4 将雪梨去皮去核，切小块，放入锅中，小火续煮10分钟左右。

5 加入冰糖，撇去浮沫，待冰糖溶化关火即可。

功效分析

雪梨有清热润肺、生津润燥之功效，与山楂一起煲汤，适用于夏季出现的热病津伤烦渴、痰热惊狂、便秘等症。

CHAPTER 07

冰糖雪梨银耳羹

材料

银耳 1/2个
雪梨 1个
枸杞 适量
冰糖 适量

功效分析

雪梨清热润肺；银耳滋阴润肺、滋阴润燥；合之为汤，适合咳嗽痰多的人饮用。

烹饪方法

1 银耳用水泡发，剪去根蒂后撕成小朵。

2 雪梨去皮去核，切成小块。

3 锅里加入适宜的水，放入银耳，大火煮沸后转小火续煮，熬至银耳黏稠。

4 锅中倒入切好的梨块，继续熬10分钟。

5 出锅前加入枸杞和冰糖即可。

CHAPTER 08 太子参百合瘦肉汤

材料

太子参、百合各 40 克

瘦肉	400 克
罗汉果	1 个
姜	3 片
盐	适量

功效分析

本汤尤适合秋季出现脾虚食少、倦怠乏力、肺虚咳嗽者调理身体之用。

烹饪方法

1 太子参和百合用水浸泡 20 分钟。

2 煮开一锅清水，放猪瘦肉焯水去血污，捞出后切成大块备用。

3 将除盐外的所有材料一起放入锅内，加清水适量，大火煮滚后，放入瘦肉，转小火煲 1 小时。

4 出锅前调入适量盐即可。

茶树菇的味道非常好，人们常用它来做汤底，加上鸽子“一鸽胜九鸡，无鸽不成宴”的盛名，好吃又营养的秋季润燥汤做起来！

CHAPTER 09

茶树菇银耳鸽子汤

材料

鸽子	1 只	茶树菇	25 克
莲子	25 克	姜	3 片
百合	15 克	盐	适量
银耳	10 克	料酒	少许

烹饪方法

1 银耳泡发后撕成小朵。

2 将莲子、百合和茶树菇用水浸泡 30 分钟。

3 浇一锅开水，加少许料酒，将鸽子放入锅中焯水，去血水去沫，捞出待用。

4 将除盐外的所有材料一起放进炖锅里，隔水炖 2 个小时。

5 出锅前调入适量盐即可。

功效分析

此汤有滋阴润燥、补血益气之功效，老少皆宜，尤适合干燥的秋季饮用。

CHAPTER
10

竹荪干贝冬瓜汤

虽然天气有点冷，但是也要拥有暖暖的心情！寒冷的冬天，给自己和家人煲一碗竹荪干贝冬瓜汤，暖身暖胃更暖心。

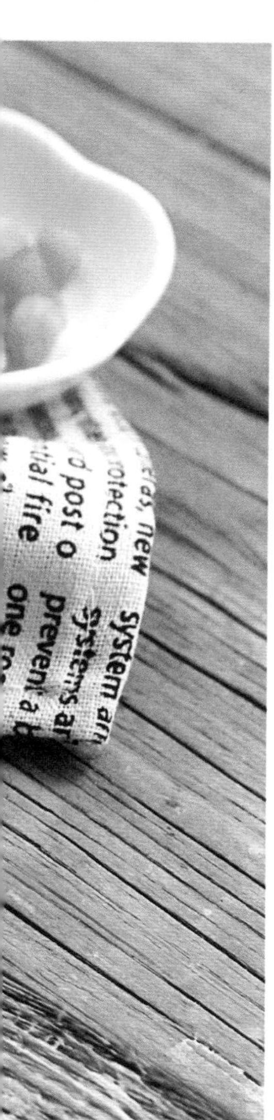

功效分析

此汤清淡甘甜，干贝、竹荪皆有健脾胃之功效，与冬瓜一起煲汤，适宜冬季养生之用。

材料

排骨	400 克	姜	4 片
竹荪	5 朵	葱	适量
冬瓜	500 克	盐	适量
干贝	25 克		

烹饪方法

1 锅内加水烧开，放入排骨和姜，用大火煮去排骨的血水，捞出备用。

2 剪掉竹荪的菌尾端及顶部的网状物，用温盐水浸泡约 15 分钟，洗净备用；干贝清洗后用水浸泡一会儿；冬瓜洗净去内瓤，切成小块。

3 除竹荪和盐之外的其他材料放入锅内，加适量清水，大火烧开后转小火炖 1.5 小时。

4 放入竹荪继续炖 20 分钟；关火前加入盐调味即可。

寒冷的冬季，回到家喝一碗暖汤，就能洗净一天工作的疲惫，这是生活中最简单的小确幸。

CHAPTER 11

罗汉果山药煲猪骨汤

材料

罗汉果	1/2 个	猪骨	500 克
山药	200 克	姜	2 片
枸杞	10 粒	盐	少许

烹饪方法

1 山药去皮，洗净，切小块，浸泡在水中备用。

2 猪骨洗净，焯水 2 分钟，去血水去沫，捞出洗净。

3 将猪骨、山药、罗汉果和姜片放入锅里，加适量的水。

4 大火烧开后，转小火慢炖 2 小时。

5 关火前加入枸杞和盐焖 5 分钟即可。

功效分析

罗汉果化痰止咳；山药补脾益胃；猪骨养血健骨。此汤老少皆宜，尤适合冬天食用。

CHAPTER 12

萝卜牛尾汤

俗话说“冬吃萝卜夏吃姜”，萝卜素有小人参的称号，特别适合冬天吃。尤其是北方的白萝卜，冬天炖锅萝卜牛尾汤，味道真是鲜美。

功效分析

熟萝卜味甘，性温平，入肺、胃经，有消积滞、化痰热、下气之功效，与牛尾一起煲汤，尤适用于冬季积食、体虚者饮用。

材料

牛尾	350 克	料酒	30 毫升
萝卜	500 克	盐	适量
枸杞	少许		

烹饪方法

1 牛尾洗净，放入沸水中焯水，去除油脂、杂质和血水后，捞起洗净沥干。

2 锅里放水，放入牛尾、料酒和枸杞，开火煮。

3 大火煮滚后，转小火煮 1 个小时。

4 萝卜切块，放入锅内继续煮 30 小时。

5 加入盐调味，5 分钟后即可关火。

俗话说："人不可貌相"。牛尾也一样：看来不起眼，用它来做菜绝对一流。牛尾的一头比拳头还粗，另一头却如食指一般细，边上的肉也由厚到薄。用它来煲汤，美味！

CHAPTER
13

番茄牛尾汤

材料

牛尾	600 克	香叶	2 片
番茄	3 个	料酒	2 勺
番茄酱	15 克	姜	2 片
葱	适量	盐	适量

烹饪方法

1 牛尾洗净，用水浸泡 30 分钟至泡出血水。

2 姜片、料酒和牛尾焯水。换一锅水放入牛尾、香叶、葱，大火煮开后转小火炖 1 小时。

3 番茄切块，放入炒锅中炒软，再加入番茄酱和小半碗水，用勺子将番茄压碎。

4 收汁后把番茄倒入炖锅内，继续煮 30 分钟；出锅前放入盐调味即可。

功效分析

此汤养颜助消化、益气补髓、补肾壮阳，年老体弱者食用，有一定的补益效果，尤适合冬天进补。

CHAPTER
14

海椰皇猪骨汤

春季饮食比较清淡，喝汤也颇讲究。这款加了海椰皇的猪骨汤，鲜味浓郁，热气带着椰香蒸腾而来，入口细品，椰子的清甜缠绕于唇齿之间，真是美味！

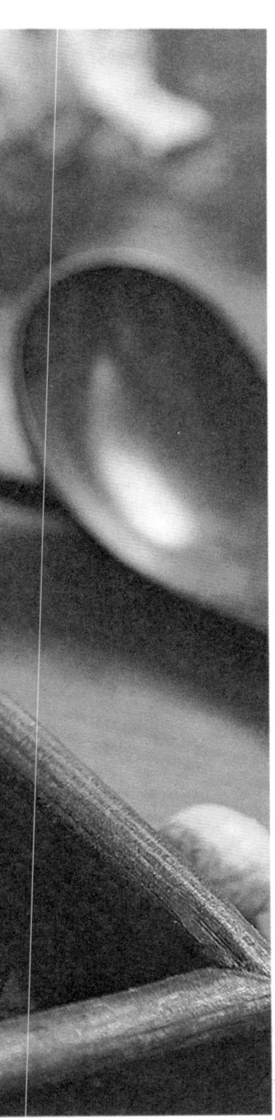

功效分析

海椰皇味甘，具有润肺止咳、清燥热、养颜滋阴之功效，配合无花果、莲子、茯苓等材料合而为汤，可清热去火、滋阴润肺。

材料

猪骨	400 克	莲子	10 克
海椰皇	50 克	姜	2 片
无花果	20 克	盐	适量
茯苓	10 克		

烹饪方法

1 海椰皇敲开壳，将椰肉对切，其他汤料稍作清洗。

2 猪骨洗净，放入凉水中，大火煮开后焯水 2 分钟，然后将水倒掉，冲洗干净。

3 除盐外的所有材料一起下瓦煲，加适量清水，大火滚沸后改小火煲 1.5 至 2 小时。

4 出锅前加入盐调味即可。

CHAPTER
15

红薯山药大枣糖水

春天空气干燥，水分较少。这个季节人们容易咽干鼻燥、唇干口渴、皮肤干燥，滋润的糖水可以帮您消除春季的种种烦恼。

功效分析

红薯、山药和大枣都是味甜的食物，可以补益脾胃，防止肝火旺盛，非常适合春季饮用。

材料

红薯	3个
山药	80克
大枣	6颗
冰糖	适量
姜	2片

烹饪方法

1 红薯和山药去皮，洗净，切成块待用。

2 大枣洗净，去核备用。

3 将除冰糖外的所有材料一起放入煲内，注入适量的清水，大火煮滚后转小火煲30分钟左右。

4 加入适量冰糖煮化，盛出即可食用。

炎炎夏日，有些人不得不在高温环境下工作，体液损失很大，体内的电解质平衡也遭到破坏，这时就需要多吃一些清暑益气、止渴利尿的食物。

CHAPTER 16

南瓜绿豆糖水

材料

绿豆	100 克
南瓜	400 克
冰糖	适量
盐	少许

烹饪方法

1 绿豆用清水浸泡 30 分钟。

2 绿豆放入锅中，加入适量清水，开大火煮开后转小火，煮至绿豆开花。

3 南瓜去皮切块，倒入煮绿豆的锅内，煮至软绵。

4 关火前加入冰糖和少许盐调味即可。

功效分析

南瓜润肺益气；绿豆清热解毒。此汤适合炎热的夏季饮用。

CHAPTER
17

绿豆薏米莲子百合糖水

绿豆的清热之力在皮，解毒之功在内。因此，如果只是想消暑，煮汤时将绿豆淘净，用大火煮沸，注意不要久煮。这样熬出来的汤，颜色碧绿，比较清澈。如果是为了清热解毒，需把豆子煮烂。这样的绿豆汤色泽浑浊，清热解毒作用更强。

功效分析

绿豆、薏米、莲子与百合合而为汤，有清暑益气、止渴利尿的功效，是夏季常备的饮品。

材料

薏米	30 克
绿豆	45 克
莲子	15 克
百合	10 克
冰糖	适量

烹饪方法

1 薏米、绿豆分别用水泡 1 个小时备用。

2 莲子和百合充分洗净。

3 将薏米、绿豆和莲子一起放入汤锅，加足量清水煮开。

4 大火煮开后转小火煮 40 分钟，再加入百合，煮至薏米、绿豆酥烂即可。

5 放入冰糖调味，冰糖溶化后即可食用。

这款汤味道香甜，第一口就能感受到桂圆的香味和板栗的浓郁，非常诱人！秋天喝可以加一些百合、银耳，用来中和桂圆和板栗的热性。

CHAPTER 18

桂圆肉百合栗子糖水

材料

板栗	400 克
干百合	40 克
桂圆肉	40 克
黄冰糖	适量

烹饪方法

1 百合提前用清水浸泡 30 分钟。

2 板栗用刀子在外壳划一刀，放入热水中浸泡约 5 分钟，趁热捞出，剥去外壳。

3 将浸泡好的百合洗净，放入盛有冷水的锅中，再放入板栗和桂圆肉。

4 大火煮开，再转中小火慢煮 20 分钟。

5 加入黄冰糖续煮，5 分钟后关火。

6 不开盖，再闷会儿即可食用。

功效分析

此汤具有健脾益气、宁心安神、滋补润燥的功效，尤其适合秋季饮用。

CHAPTER
19

养胃润肺汤

之所以直接叫它养胃润肺汤，是因为它的养胃润肺功能实在太强了！猪排骨、银耳、响螺片……个个都是养胃和润肺的好帮手！

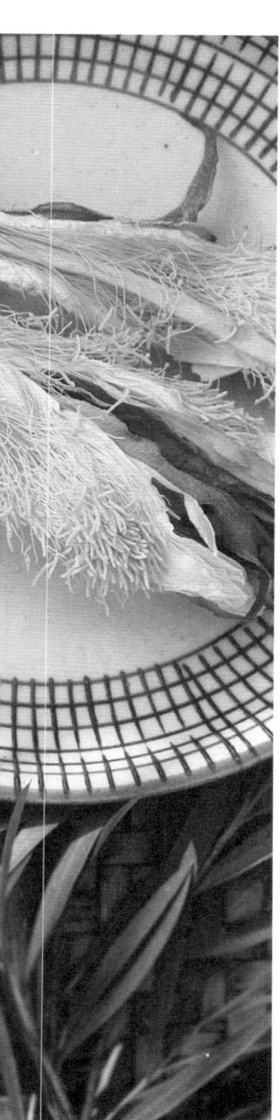

功效分析

此汤尤适合秋季饮用，多吃能预防呼吸疾病的发生。

材料

猪排骨	400 克	沙参	10 克
银耳	15 克	玉竹	10 克
响螺片	20 克	蜜枣	2 颗
霸王花	2 朵	姜	2 片
海底椰	10 克	盐	适量
百合	5 克		

烹饪方法

1 银耳提前泡发，去蒂，撕成小朵备用。
2 响螺肉放在水中浸泡 30 分钟，切片。
3 霸王花、海底椰、百合、沙参、玉竹、蜜枣分别淹泡 5 分钟，并清洗干净。
4 猪排骨斩块，放入盛有清水的锅中烧开，焯水 1 分钟，捞起冲洗干净待用。
5 将除盐外的所有材料一同放入汤锅中，并加入适量清水，用大火煮沸后转小火煲 1.5 至 2 小时。
6 关火前加入适量食盐调味即可。

Part 02

女人这样喝汤，吃不胖、晒不黑、人不老

现代女性生活忙碌，身体缺乏调理，
从今天起，每日一碗美味滋养汤，
好好爱自己。

鸽子，又称白凤，有“肉中人参”的美称。它的营养特别丰富，很适合补养身体。女人花钱买遮瑕，倒不如买只鸽子滋养身体，由内到外美起来。

CHAPTER 01

大枣枸杞清炖鸽子

材料

鸽子	1只	姜	2片
猪排骨	150克	枸杞	适量
香菇	4朵	盐	适量
大枣	3颗	料酒	少许

烹饪方法

1 乳鸽宰杀后去内脏，洗干净后把头、腿盘入鸽腹内。

2 猪骨、大枣、香菇和枸杞洗净。

3 把处理好的鸽子和猪骨焯水，加少许料酒，去血水去沫，捞出待用。

4 把除枸杞、盐外其他材料放入碗中，隔水炖2个小时；关火前加枸杞和盐调味即可。

功效分析

鸽子有滋肾益气之功效，大枣有补中益气之功效，与排骨一起煲汤，适用于女性月经不调、红崩、白带等症。

CHAPTER 02

红腰豆莲藕煲猪骨

材料

莲藕	1 根
红腰豆	40 克
猪骨	500 克
姜	2 片
盐	适量

功效分析

此汤清淡滋补，具有止血、养血健骨之功效。适用于产后血虚、乳汁分泌不够的妇女。

烹饪方法

1 红腰豆洗净后用水浸泡 2 小时。

2 莲藕洗干净，去皮，切大块。

3 猪骨洗净，焯水 2 分钟，去血水去沫，捞出洗净待用。

4 锅内加入 2.5 升左右的冷水，将除盐外的所有材料放入锅里，大火煮开后转小火煮 2 个小时。

5 出锅前加入盐调味即可。

CHAPTER 03

当归煮鸡蛋

材料

当归	10 克
鸡蛋	1 个
大枣	4 颗
红糖	适量

功效分析

当归活血调经，与鸡蛋一起煲汤，有补血活血、调经止痛、润肠通便之功效，适用于眩晕心悸、月经紊乱、虚寒腹痛的女性。

烹饪方法

1 当归稍微清洗一下，用水浸泡 30 分钟。

2 煮熟的鸡蛋去壳，在表面刺一些小孔备用；大枣洗净备用。

3 将当归放入锅里，加 3 碗水，放入鸡蛋、大枣、红糖。

4 大火煮开后盛出即可。

CHAPTER
04

花胶螺片海底椰汤

花胶即是鱼肚，自古便属于“海八珍”，素有“海鲜人参”之誉。在以前，花胶曾被当作救命的东西，营养价值非常高。

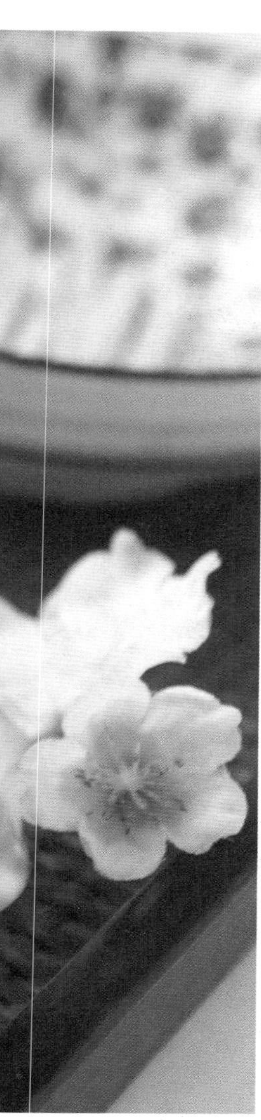

功效分析

花胶具有补肾益精、滋养筋脉、止血、散瘀、消肿之功效，与螺片和海底椰一起煲汤，适合用于吐血、白带、恶性肿瘤女性调理身体之用。

材料

排骨	400 克	银耳	16 克
花胶	12 克	蜜枣	5 颗
螺片	20 克	百合	10 克
海底椰	10 克	盐	适量
沙参	18 克	姜	适量
玉竹	20 克		

烹饪方法

1 花胶提前 1 天用水浸泡，加几片姜去腥。螺片提前泡 2 小时，剪成小条。

2 银耳泡发后剪去底部黄色的根部，撕成小朵备用。

3 排骨洗干净后焯 2 分钟去血水去沫，捞出洗净后待用；其他材料洗干净。

4 把将除盐外的所有材料放入汤锅里，并加入适量清水，大火烧开后，转小火慢炖 2 小时。关火前加入适量盐调味即可。

此汤滋补美容，尤其适合冬季食用，能滋润肌肤。另外，此汤还能促进胸部发育，对妇女产后缺乳也有很好的功效。

CHAPTER 05

花生猪脚筋汤

材料

猪脚筋	4 条	大枣	3 颗
猪蹄	1 只	姜	2 片
扁豆	40 克	料酒	适量
花生	40 克	盐	少许

烹饪方法

1 猪蹄斩块后和猪脚筋、姜片一起放到开水锅中焯水，倒些料酒去腥。

2 花生和扁豆洗净，用水浸泡 30 分钟。

3 将除盐外的所有材料一起放入电饭煲，加适量清水，选定煲汤功能即可（其他锅的话大火烧开后小火炖 1.5 小时）。

4 关火前加入盐调味即可。

功效分析

花生有止血润肺之功效，与猪脚筋一起煲汤，有止血养颜的功效，适用于奶少的产后妇女。

CHAPTER
06

滋阴养颜八珍汤

每天回到家，喝上一碗鲜美又营养的汤，心情都变得十分的舒畅，幸福的滋味溢满整个心房。更何况，美味的汤还有美容养颜的功效。

功效分析

此汤味道鲜美，有滋阴润燥、补气润肺、美容养颜等功效，特别适合用作女性滋补身体之用。

材料

瘦肉	400 克	陈皮	5 克
山药	25 克	蜜枣	2 颗
莲子	15 克	薏米	10 克
沙参	10 克	枸杞	适量
玉竹	10 克	盐	适量

烹饪方法

1 将山药、莲子、薏米用水浸泡 30 分钟。

2 瘦肉洗干净切块。

3 将除枸杞和盐外的所有材料入锅，加入 2 升左右的冷水。

4 大火煮开后，转小火慢煲 1.5 小时。

5 出锅前 10 分钟放入枸杞和盐调味即可。

女性在生理期或体寒期，需要食用一些驱寒养胃、暖宫暖胃的食物。介绍一个顺手可拾的养生小方子——生姜红糖番薯糖水。放了姜的红薯糖水，不仅有糖水的鲜香，且可驱寒暖胃。

CHAPTER 07

生姜红糖番薯糖水

材料

番薯	400 克
大枣	8 颗
姜	4 片
红糖	适量

烹饪方法

1 番薯去皮切块，用水浸泡 10 分钟，换水再浸泡一会儿。

2 姜去皮切片。

3 大枣洗净后去核，切成两半。

4 锅里加足量水，放入姜片、大枣和番薯块，开大火煮开后转中小火煮 30 分钟。

5 加入红糖，再煮 5 分钟左右至糖溶化即可。

功效分析

生姜、番薯、大枣皆有补中、和血、暖胃之功效，合而为汤，适合脾虚水肿、疮疡肿毒、大便秘结的女性饮用。

CHAPTER 08

大枣桂圆枸杞红糖水

材料

材料	用量
桂圆肉	20 克
大枣	5 颗
枸杞	10 克
红糖	适量

功效分析

此汤甘甜滋养，具有补中益气、养血安神之功效，适用于神经不振、失眠多梦、精神抑郁的女性。

烹饪方法

1 大枣、枸杞用水浸泡一会儿，捞出清洗干净；桂圆肉洗净。

2 大枣切开去除核备用。

3 将泡发好的材料滤干水分；把红糖外的所有材料倒入养生壶中，加入适量清水，按花茶键即可。

4 关火前 10 分钟放入红糖。

CHAPTER 09 木瓜炖牛奶

材料

木瓜 1/2 个
牛奶 1 盒
冰糖 适量

功效分析

木瓜具有舒筋活络、和胃化湿之功效，与牛奶一起煲汤，对患有风湿痹痛、肢体酸重、脚气水肿的女性有很好的辅助调理作用。

烹饪方法

1 木瓜去皮去子，切成小块。
2 将木瓜放入锅中，加没过木瓜的清水。
3 开大火煮开后，转小火煮，煮至木瓜呈略透明状时，放入冰糖。
4 冰糖熬化后放入牛奶，煮至牛奶起小泡，就可以关火了。

皂角米是补充胶原蛋白的美容佳品，是美女们不可错过的养颜佳品，同时美女们不用担心吃了会发胖。夏天放入冰箱更美味。

CHAPTER 10

皂角米银耳大枣羹

材料

皂角米	1 小把
大枣	5 颗
银耳	1 朵
冰糖	适量

烹饪方法

1 皂角米提前 5 小时进行泡发（夏季可适当减少时间）。

2 银耳提前 3 小时进行泡发，剪去根蒂，清洗干净后撕成小朵，放在一旁备用。

3 将除冰糖外的所有材料放进锅内，加足水量。

4 开大火煮开后，转小火煮 1 小时。

5 放入冰糖，待冰糖完全溶解后，关火即可。

功效分析

银耳有补肺益气、养阴润燥之功效，与皂角米、大枣一起煲汤，适合病后体虚、肺虚久咳、高血压病、血管硬化的女性调理身体之用。

CHAPTER
11

无花果炖话梅

话梅的制作是用芒种后采摘的黄熟梅子，俗称黄梅。因为是说话、聊天、摆龙门阵时常吃的零食，所以叫话梅。

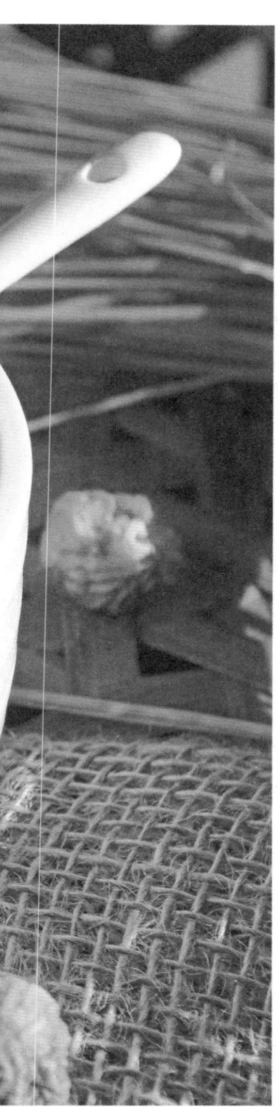

功效分析

话梅，味酸，性温，入肝、肺、胃经，有生津止渴之功效，用本品煲汤，尤适用于食欲不振、脘腹胀痛和孕期有孕吐症状的女性饮用。

材料

话梅 4颗
大枣 2颗
干无花果 8个
冰糖 适量

烹饪方法

1 将话梅、大枣和干无花果洗净，用水浸泡10分钟。
2 大枣去掉中间的核。
3 将干无花果、大枣、话梅放入炖盅内，加凉水至八成满，开火炖1.5小时。
4 加入冰糖，再炖10分钟即可。

中国人，没有哪一个地方像广东人这样热衷于糖水甜品。每个广东的师奶除了会煲老火汤以外，还会做几款家常的糖水，比如五红糖水。

CHAPTER 12

五红糖水

材料

红花生	1把	枸杞	1把
大枣	1把	红糖	适量
红豆	1把		

烹饪方法

1 将红花生、大枣、红豆用水浸泡30分钟。

2 枸杞清洗干净。

3 将除红糖外的所有材料放入锅中，加适量清水，开大火烧沸后转小火煮1小时。

4 出锅前加入红糖即可。

功效分析

花生健脾和胃；大枣补血宁神；红豆补血利尿；枸杞益精明目；红糖和中助脾。合之为汤，尤适合用来调经止痛，治疗贫血。

CHAPTER
13

当归党参乌鸡汤

一般女性多有虚证，如果出现手脚发凉、身上易冷、脸色苍白、面色黄暗、疲倦、乏力、头晕、耳鸣等症状，那很有可能存在气血双亏，早期可以通过血肉有情之品来调养。

功效分析

当归补血活血，调经止痛；乌鸡补中益气，调理气虚；枸杞、大枣、党参皆为补血良品，适合女性在经期前后补养身体。

材料

乌鸡	半只	薏米	25 克
当归	10 克	大枣	5 颗
党参	10 克	枸杞	少许
黄芪	10 克	姜	2 片
莲子	10 克	盐	适量
百合	5 克		

烹饪方法

1 把乌鸡斩块，放入凉水中，大火煮开后焯水 2 分钟，然后将乌鸡捞起冲洗干净。
2 将其他材料（除枸杞外）用清水浸泡片刻，洗净备用。
3 把肉类和其他材料（除枸杞外）放入锅中，加适量清水，大火煮开后转小火慢炖 2 小时。
4 关火出锅前 5 分钟加入枸杞和适量的食盐即可。

木瓜和银耳都是备受女性青睐的养颜圣品，木瓜炖银耳羹透明晶莹，美味香甜，无论冷吃或热吃都很美味。但木瓜有兴奋子宫平滑肌的作用，孕妇是不能吃的。

CHAPTER 14

木瓜炖银耳羹

材料

银耳	半个
木瓜	1个
冰糖	适量

烹饪方法

1 银耳提前泡发，撕去底部根蒂，清洗干净后撕成小朵。

2 银耳放入炖煲，加入适量冷水，炖2个小时。

3 木瓜去皮去子，用刀切成块。

4 把木瓜放进煲里，继续炖煮30分钟。

5 关火前放入冰糖，待溶化后即可食用。

功效分析

木瓜能助消化、抗菌解热，银耳则能滋阴润肺、养胃生津。二者合而为汤，有滋阴补肾、益气补血、调理肠胃、美容养颜的功效，故深受女性喜爱。

CHAPTER
15

桂圆红豆大枣汤

桂圆红豆大枣汤是一道食材简单，但滋味醇厚甜美的补气养血安神的家常好汤。

功效分析

桂圆肉性温味甘，益心脾补气血，不但能补脾固气，还能保血不耗，与红豆和大枣合而为汤，能利水解毒、养血益脾、补心安神，具有非常好的滋养作用。

材料

桂圆肉	20 克
大枣	25 克
枸杞	10 克
红糖	适量

烹饪方法

1 大枣、枸杞浸泡一会儿，清洗干净；桂圆肉清洗干净。

2 大枣切开两半去除核（去核不上火）备用。

3 将桂圆、大枣和枸杞沥干水分倒入养生壶中，加入适量清水，按花茶键即可。如果是其他锅类，大火烧开后转小火，再炖 30 分钟左右。

4 关火前 10 分钟放入红糖即可食用。

CHAPTER 16

苹果银耳红果羹

材料

苹果 1个
银耳 1/2个
大枣 6颗
山楂 15克
枸杞、冰糖各适量

功效分析

本汤味道酸甜，有健胃消食、补中益气之功效，对瘀血经闭、产后瘀阻有一定的辅助调理作用。

烹饪方法

1 干银耳提前用水泡发，洗净撕成小朵；大枣洗净，去核。
2 苹果洗净，去核切小块。
3 将银耳放入锅里，加适量清水。
4 开大火烧开后，转小火慢炖1小时左右，至汤汁黏稠。
5 加入山楂、大枣和苹果，续煮20分钟；关火前加入冰糖和枸杞，待糖溶化后即可。

CHAPTER 17 银耳金橘糖水

材料

大枣	10 颗
银耳	1 朵
金橘	10 颗
枸杞	适量
冰糖	适量

功效分析

银耳有补肺益气之功效；金橘有消食化痰之功效；合之为汤，适合体虚、咳嗽痰多的女性饮用。

烹饪方法

1 银耳提前 3 小时泡发，然后将它清洗干净，剪去根蒂，之后将它撕成一个个的小朵。

2 将大枣、枸杞、金橘洗净，金橘在一头划十字刀。

3 将大枣、金橘和银耳一起放入锅内，加适量清水。

4 大火煮开后，转中小火煮 1 小时；出锅前加入冰糖，待冰糖溶化后即可。

皮肤觉得干干的时候，不妨来一锅牛奶炖花胶，给肌肤补充胶原蛋白。

CHAPTER 18

牛奶炖花胶

材料

花胶	2 条
牛奶	500 毫升
姜	3 片
冰糖	1 块

烹饪方法

1 花胶提前 1 天浸泡，中途多次换水。

2 花胶泡软后剪或切成小块。

3 把牛奶、花胶和姜片一起放入炖盅，盖好盖子，隔水炖约 1.5 小时。

4 关火前加入冰糖，炖化即可饮用。

功效分析

牛奶补钙、美容，花胶滋阴、固肾培元，合而为汤，有美肤养颜的功效，尤其适合爱美的女性饮用。

CHAPTER
19

黄花菜莲子黄豆汤

母乳是喂养刚出生宝宝的最佳食物，但是有的新妈妈母乳不足，会导致不能提供宝宝充足的营养。这时候就可以通过饮食来刺激母乳分泌。

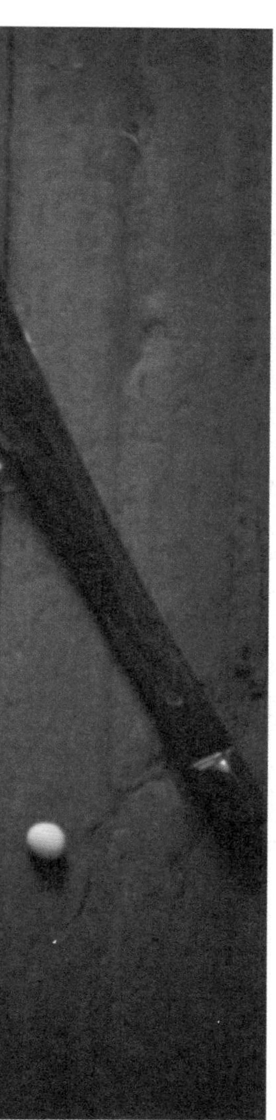

功效分析

猪骨、黄豆和黄花菜合而为汤，是非常好的催乳食谱，特别适合哺乳期的妇女饮用。

材料

猪骨	400 克	百合	8 克
黄花菜	25 克	大枣	4 颗
莲子	12 克	姜	2 片
黄豆	20 克	盐	少许

烹饪方法

1 黄花菜用水泡透，去根，清洗干净。

2 猪骨、莲子、黄豆、百合、大枣清洗干净，用水浸泡片刻。

3 将猪骨放入盛了凉水的锅中，大火煮开后焯水 1 分钟，捞起冲洗干净备用。

4 将除盐外的所有材料放进锅中，加入适量清水，大火煮开后转小火慢炖 1.5 至 2 小时。

5 加适量盐调味即可。

水肿是孕期较为常见的一种生理现象，尤其是怀孕中后期，大多数孕妇都会出现双脚肿胀的现象。经常喝扁豆花生鸡脚汤，就能解决孕妇水肿的问题。

CHAPTER 20

山药花生扁豆鸡脚汤

材料

鸡脚	7只	枸杞	5克
山药	40克	瘦肉	100克
桂圆	10克	姜	2片
花生	30克	盐	适量
扁豆	30克		

烹饪方法

1 鸡脚去外皮，剪去趾甲切半。

2 锅中放入鸡脚和瘦肉后加水烧开，焯烫1分钟，捞出沥干。

3 山药去皮、切片，瘦肉切丁，其他材料洗净。

4 除枸杞和盐外的所有材料一同放入锅中，加适量水，大火煮开后用小火慢煲1小时。

5 关火前5分钟放入盐和枸杞即可。

功效分析

此汤有利水消肿、理中益气、补肾健脾的功效，是一种非常适合孕妇喝的养生汤水。

CHAPTER 21

墨鱼花生黄豆汤

民间认为墨鱼和黄豆具有催乳的作用，所以在超市干货区，一般看到谁购买很多的墨鱼干和黄豆，就知道谁家可能添小宝宝了。

功效分析

墨鱼养血滋阴，花生养血补脾、润肺化痰、止血增乳、润肠通便，黄豆催乳，猪骨润燥滋阴、填补精髓，合用会有益气养血、润肤养颜之功效。

材料

墨鱼干	40 克	猪骨	400 克
花生	30 克	莲藕	1 节
黄豆	30 克	姜	3 片
蜜枣	2 颗	盐	适量

烹饪方法

1 黄豆放入清水中浸泡 15 至 20 分钟。

2 墨鱼用清水浸泡 60 分钟，剥去表层膜衣，去骨，切丝待用。

3 将猪骨放入盛清水的锅中，水开后焯水 1 分钟，捞起冲洗干净待用。

4 莲藕去皮切块。

5 把除盐外的所有材料放入煲中，加入适量清水，大火煮沸后转小火煲 1.5 至 2 小时。

6 出锅前加入适量盐调味即可。

Part 03

老人健康不用药，汤汤水水更滋补

人老后，各项身体功能就会下降，多喝延年益寿保健汤，赶走疾病，做回年轻的自己。

CHAPTER
01

花菇花生鸡脚汤

花菇是在适当的温度下自然裂开而形成，因热胀冷缩，裂纹不一，就像一朵盛开的花。有人说香菇是植物皇后，那么花菇就是皇后头上的明珠。

功效分析

花菇延年益寿；花生健脑益智；与鸡爪一起煲汤，尤适合记忆力减退、体质衰弱的老人饮用。

材料

材料	用量	材料	用量
鸡脚	8只	百合	20克
花菇	6朵	枸杞	适量
花生	80克	料酒	15毫升
大枣	10颗	生姜	3片
山药	6块	盐	适量
莲子	30克		

烹饪方法

1 鸡脚斩开，锅中烧开水，放入鸡脚用大火煮开。
2 放入料酒，不盖锅盖，再次煮开后捞出洗净备用。
3 将花菇、花生、大枣、山药、莲子和百合清洗干净，姜切片。
4 将除枸杞、盐外的所有食材一起放入煲中，加入2.5升左右的冷水，大火煮开后，转小火煲1.5小时；出锅前放入枸杞、盐即可。

鸡肉营养丰富、价格实惠，是平常老百姓最常吃的补品。用鸡肉煲出来的汤非常鲜美，营养也是满分。老年人适当的喝一些鸡汤，能增强抵抗力。

CHAPTER 02

大枣莲子炖鸡汤

材料

鸡肉	200克	姜	2片
莲子	40克	枸杞	适量
大枣	6颗	盐	适量

烹饪方法

1 莲子清洗后，用水浸泡2小时。

2 鸡肉和姜片放入冷水锅中，煮沸后焯水几分钟，撇去浮沫和血水，捞出备用。

3 将鸡肉、莲子、大枣和姜放到炖盅里，加入八成清水，隔水炖1.5小时。

4 关火前10分钟放入盐和枸杞即可。

功效分析

此汤入五脏，有宁神益胃、温中益气、补精添髓之功效。尤适合心悸失眠、脾虚久泻的老年人饮用。

CHAPTER 03

灵芝猴头菇枸杞汤

不知什么时候起，猴头菇饼干火遍了超市，这是怎么一回事？原来，猴头菇有很好的养胃功效，就连医生开的许多养胃药方里也有它的踪影呢！

功效分析

灵芝味甘，性平，归心、肺、肝、肾经，有补气安神、止咳平喘之功效，尤适用于眩晕不眠、心悸气短、虚劳咳喘的老人饮用。

材料

灵芝	25 克	猪扇骨	500 克
猴头菇	40 克	姜	2 片
枸杞	20 克	盐	适量

烹饪方法

1 提前将猴头菇用水浸泡 3 小时以上，并用个碟子压在它上面防止上浮，其间反复揉洗，多次换水以去除苦味；泡好后剪小块。

2 猪扇骨和姜片放入锅里，加水煮开 5 分钟，去掉血水后捞起来备用。

3 将猴头菇、灵芝、猪扇骨洗净后放进锅里，加入 2.5 升左右的冷水。

4 大火烧开后转小火炖 2 小时；加入枸杞及盐调味，5 分钟后即可关火。

补钙不如先留住钙，猪尾中的胶原蛋白就像骨骼中的一张充满小洞的网，它会牢牢地留住就要流失的钙质。没有这张网，即便是补充了大量的钙，也会白白地流失掉。

CHAPTER 04

黄豆猪尾汤

材料

黄豆	50克
猪尾	1条
胡萝卜	1根
姜	2片
盐	适量

烹饪方法

1 黄豆清洗干净后用水浸泡2小时。

2 猪尾除去杂毛，清洗干净后切段，焯水2分钟，去血水去沫，捞出洗净后待用。

3 胡萝卜去皮切块。

4 把除盐外的所有材料放入，加入2.5升左右的冷水，大火煮开后，转小火煮2个小时；出锅前加入盐调味即可。

功效分析

黄豆健脾益胃；猪尾补阴益髓；合之为汤，尤适合腰酸背痛、骨质疏松的老年人饮用。

CHAPTER 05

贡菊松茸煲土鸡汤

季节性短暂的食物总是令人非常想念，比如竹笋、香椿、松茸等，都是季节性限时特享的食材。越是时限短暂，就越让人感觉其珍贵。

功效分析

此汤有明目、宁心、润肺之功效，对于眼睛干涩、肺燥多咳、失眠多梦等有一定的辅助调理作用，尤适合老年人饮用。

材料

土鸡	500 克	松茸	4 只
百合	15 克	贡菊	10 朵
枸杞	10 克	姜	2 片
玉竹	10 克	盐	适量
莲子	15 克		

烹饪方法

1 鸡肉斩块，洗干净后放入沸水中焯水，去除油脂杂质血水，捞起沥水。

2 百合和莲子用水浸泡片刻，其他材料洗干净。

3 把除盐外的所有材料放入沙煲内，开大火煮开后，小火慢炖 2 个小时。

4 出锅前调入适量盐即可。

CHAPTER 06

银耳玉竹龙骨汤

在购买霸王花干时最好挑选略带绿色的生晒花。那些经过处理的陈年花，看起来枯黄、不新鲜，而且煲的汤水会有股涩涩的怪味。

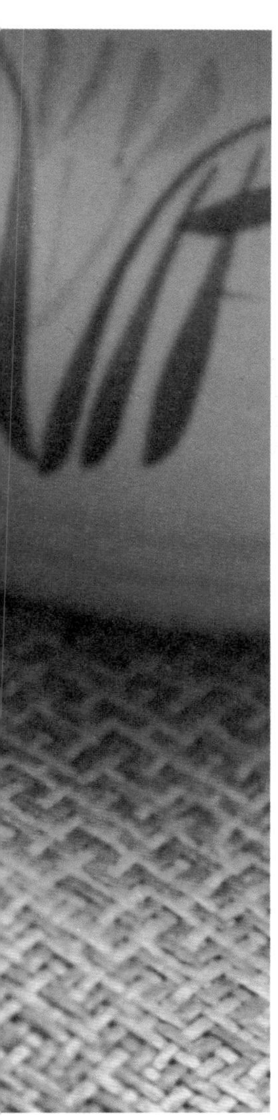

功效分析

此汤有滋阴养血、健脾益胃之功效，对于老年人常见的气血不足、血燥皮肤痒、胃口差等病症有很好的调理作用。

材料

材料	用量	材料	用量
猪脊骨	1000 克	百合	10 克
猴头菇	1 个	大枣	6 颗
霸王花	2 朵	生姜	2 片
银耳	20 克	枸杞	5 克
玉竹	10 克	盐	适量
沙参	10 克		

烹饪方法

1 猴头菇用水浸泡 8 小时，洗净后放入开水锅中焯水 40 分钟，撕成小朵备用。

2 银耳泡发 1 小时，去根蒂撕成小朵；霸王花泡软，撕成粗条状；其余材料洗净。

3 将排骨洗净后剁成小块，放入沸水中焯 5 分钟，去掉血水，捞起备用。

4 将除枸杞和盐外的所有材料放进瓦煲内，加入 2.5 升清水，大火煮沸后转小火煲 2 个小时；出锅前 5 分钟放入枸杞，调入适量盐即可。

西洋参性凉，没有刺激性和不良反应，是男女老幼四季皆宜的天然健康食品。在明媚的春日，给全家煲一款既保健又美味的西洋参鸡汤吧。

CHAPTER 07

西洋参大枣枸杞鸡汤

材料

鸡肉	500 克	枸杞	适量
西洋参	15 克	姜	2 片
大枣	6 颗	盐	适量

烹饪方法

1 将鸡肉剁成大块，洗净后焯 2 分钟，去血水去沫，捞出洗净后待用。

2 将大枣、枸杞和西洋参冲洗一下备用。

3 将除枸杞和盐之外的所有材料入锅，加适量清水。

4 大火烧开后，转小火炖 1.5 小时。

5 关火前放入枸杞、盐调味即可。

功效分析

对于因阴虚血亏而引起的头晕、乏力等症，本汤有很好的辅助调理作用。女性及老年人尤适合饮用。

CHAPTER
08

宁神安眠汤

为了保证老人的睡眠，应当有安静的睡眠环境，适宜的温度，并保持空气畅通，而且还要坚持锻炼，健康饮食，多喝一些可以安神的汤。

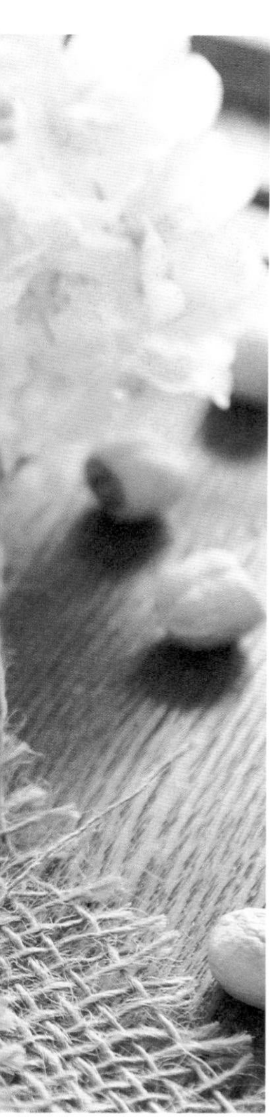

功效分析

此汤具有宁心润肺、安神助眠之功效，对老年人失眠、健忘、神经衰弱等症有一定的食疗作用。

材料

鸡爪	300 克	茯苓	10 克
酸枣仁	10 克	蜜枣	2 颗
白莲	10 克	桂圆	10 克
百合	10 克	盐	适量

烹饪方法

1 百合和白莲用水浸泡 20 分钟，其他材料洗干净。

2 鸡爪放入沸水中焯水，去除杂质血水，捞起沥水。

3 把除盐外的所有材料放入汤锅里，并加入适量清水。

4 用大火烧开后，转小火慢炖 1.5 小时。

5 关火前加入适量盐调味即可。

CHAPTER
09

四神汤

老年人肠胃消化能力不如年轻人，吃的东西太杂，就会导致消化不良，这时候就需要喝四神汤来调理胃。

功效分析

芡实、薏米、茯苓、莲子这四味能补益脾阴、厚实肠胃的中药，与山药、猪骨一起煲汤，对于老年人消化不良、脾虚腹泻等有一定的辅助调理作用。

材料

材料	用量	材料	用量
猪骨	700 克	茯苓	20 克
芡实	30 克	莲子	15 克
山药	15 克	盐	适量
薏米	30 克		

烹饪方法

1 薏米和芡实提前用水浸泡 30 分钟，猪骨洗净。

2 锅里加入适量的水加热，将猪骨放入锅里焯水，去掉血水后捞出来备用。

3 将猪骨、薏米、莲子、山药、芡实和茯苓放入锅里，倒入适量清水。

4 大火烧沸后，转小火烧煮 1 小时。

5 关火前加入适量盐调味即可。

CHAPTER 10

莲子百合鸡蛋糖水

材料

百合干	40 克
莲子	30 克
鸡蛋	2 个
冰糖	适量

功效分析

此汤具有宁心润肺之功效，肺虚久咳、失眠多梦的老人尤其适宜饮用。

烹饪方法

1 莲子清洗后用水浸泡 1 小时。

2 百合干清洗后用水浸泡30分钟。

3 鸡蛋放到锅里，加水烧开后转小火煮 10 分钟，煮好后捞出用冷水浸泡一下，去除鸡蛋壳。

4 锅中放百合和莲子，加适量水，开大火烧开后转小火炖30分钟。

5 30 分钟后把鸡蛋和冰糖放进锅里，续煮 10 分钟即可。

CHAPTER 11 绿豆海带糖水

材料

绿豆	100 克
海带	80 克
陈皮	1 小块
冰糖	适量

功效分析

此汤味道甘甜，有清热解毒、消肿、化痰散结之功效。患有甲亢的病人忌食用此汤。

烹饪方法

1 绿豆洗净，用水浸泡 30 分钟。

2 陈皮洗净，用水浸泡，刮掉内瓤。

3 海带洗净，用水浸泡 30 分钟，泡好后切成约 5 毫米宽的条状。

4 锅中放绿豆、海带、陈皮和水。

5 开大火烧开后转中火再煮 20 至 30 分钟。喜欢煮到起沙的口感，需再转大火煮 10 至 20 分钟。

6 关火前加冰糖待溶化即可。

CHAPTER
12

冬瓜薏米糖水

许多人吃冬瓜习惯去皮去瓤，其实大可不必。冬瓜皮、冬瓜瓤，中医书均有记载，清热止渴、利水消肿。晒干后的瓜皮瓜瓤，可入药。

功效分析

冬瓜、薏米皆有利水之功，合而煲汤，对于小便不利、四肢水肿等症有一定的调理作用，老年人尤其适宜饮用。

材料

冬瓜	500 克
薏米	100 克
冰糖	适量

烹饪方法

1 薏米洗净，提前用水浸泡 2 小时。

2 冬瓜洗净，切成小块。

3 将冬瓜和薏米放入锅中，加入清水；开大火烧开后，转小火慢炖 40 分钟左右。

4 加入冰糖，煲 10 分钟至冰糖完全溶化，搅匀即可。

上了年纪，会出现不同程度的血管硬化。在日常生活中，可以通过多吃一些软化血管的食物来进行调节。

CHAPTER 13

红豆陈皮番薯糖水

材料

番薯	400 克
红豆	150 克
陈皮	20 克
姜	4 片
红糖	适量

烹饪方法

1 红豆淘洗干净，提前用水浸泡过夜。

2 陈皮和生姜洗净，和浸泡过的红豆一起加入锅中，放入足量清水。

3 大火煮沸后，转小火煮 45 分钟，加入红糖。

4 番薯洗净去皮，切块，用清水反复冲洗。

5 加入切好的番薯块，继续煮约 15 分钟，至红豆和番薯全熟即可。

功效分析

红豆利水消肿，陈皮理气化痰，番薯补中和血。此汤对于下肢水肿、饮食不香、肺虚咳嗽者有一定的食疗作用，老年人尤其适宜饮用。

CHAPTER 14

花菇灵芝养生汤

花菇历来被认为是一种延年益寿的补品，包含多种对人体有益的元素，如蛋白质、脂肪、粗纤维，和维生素 B_1、维生素 B_2、维生素 C、烟酸、钙、磷、铁等。

功效分析

灵芝补肝气，益心气，养肺气，固肾气，与花菇合而为汤，能补肝益气、降低血压，尤适合心慌失眠的老年人饮用。

材料

猪骨	500 克	蜜枣	2 颗
灵芝	8 克	枸杞	少许
花菇	4 个	姜	2 片
花生	25 克	盐	适量
山药	20 克		

烹饪方法

1 花菇剪去根蒂。

2 除猪骨外的所有主材料用清水浸泡片刻，洗净备用。

3 猪骨斩件后清水下锅煮开 1 分钟，捞起冲洗干净待用。

4 把除枸杞和盐之外的所有材料放入煲中，加入适量清水，大火沸腾后转小火煲 1.5 至 2 小时。

5 关火出锅前 5 分钟加入枸杞和适量的食盐。

鲶鱼含有丰富的蛋白质和脂肪，肉质细嫩、刺少，开胃、易消化，特别适合老人和儿童食用。

CHAPTER 15

莲藕黑豆煲鲶鱼汤

材料

鲶鱼	1条	姜	5片
莲藕	400克	料酒	30毫升
黑豆	50克	盐	适量
瘦肉	200克	食用油	适量

烹饪方法

1 瘦肉切块，莲藕去皮切块。

2 黑豆浸泡15至30分钟。

3 鲶鱼清理干净，切成段。

4 锅内热油，把鲶鱼稍微煎一会儿，至颜色有些发黄即可。

5 除盐外的所有食材放进锅内，加适量清水，再倒入料酒。

6 盖上盖子，大火煮开后转小火煲1.5小时。

7 关火后加入适量盐调味即可。

功效分析

此汤有调中益阳、补血滋阴之功效，对体弱虚损、营养不良之人有较好的食疗作用。

CHAPTER
16

核桃芡实山药汤

核桃仁除了能增强脑力，还有补肝乌发，使皮肤光润的作用。相传京剧大师梅兰芳就常喝核桃蚕蛹汤，以保持皮肤细嫩润泽。蚕蛹并非人人都能接受，但可以用芡实和山药来替代哦！

功效分析

核桃、芡实、山药合而为汤，有健脾益胃、滋肾固精的功效，尤其适合经常需要耗费脑力心力的人饮用。

材料

材料	用量	材料	用量
猪骨	400 克	冬菇	15 克
核桃	30 克	姜	2 片
芡实	30 克	盐	适量
山药	20 克		

烹饪方法

1 芡实和山药浸泡片刻备用；冬菇用温水浸泡软后去蒂；核桃仁洗干净备用。

2 把猪骨放入装有清水的锅中，烧开后焯水 1 分钟，捞起冲洗干净待用。

3 将除盐外的所有材料放入汤锅中，加入 2 升左右的清水。

4 大火烧开后转小火慢炖 1.5 至 2 小时。

5 关火前加入适量食盐调味即可。

CHAPTER 17

年年好事大利汤

这是一款寓意吉祥的汤品。莲藕莲子寓意为“连年”或“年年”，蚝豉寓意为“好事”，猪大脷（粤语，猪舌）寓意为“大利”，合为“年年好事大利”。

功效分析

猪舌、蚝豉、莲藕中加入补血甘润的红豆、醇香化气的陈皮，使汤更为清润绵滑且不油腻，易于消化，适合老年人健脾、益气、养血。

材料

莲藕	500 克	红豆	60 克
猪舌	1 条	陈皮	1 小片
蚝豉	60 克	姜	4 片
莲子	30 克	盐	适量

烹饪方法

1 蚝豉提前泡软，其他材料简单清洗一下即可。

2 猪舌置于沸水中稍滚片刻，刮去衣膜，再洗净，切块。

3 莲藕去皮切块。

4 除盐外的所有材料放进瓦煲内，加入适量清水，开大火煮沸后改为小火煲 1.5 小时。

5 关火前调入适量食盐便可。

Part 04

一天一碗汤，让男人肾不虚、不疲劳

男人是家里的顶梁柱，需要补身体，
为爱的人煲一碗饱含爱意的汤吧！

CHAPTER
01

猴头菇山药芡实汤

在人流量多的地方很容易感染上呼吸道疾病，每次病好了不久又会再次感染。其实，这是消化系统虚弱造成的，要想根治，必须先健脾。

功效分析

猴头菇利五脏、助消化，山药补脾养胃，芡实补脾益肾，合之为汤，尤适合神经衰弱、身体虚弱、心神不宁及饮食不规律的男士饮用。

材料

材料	用量	材料	用量
猪骨	500 克	白扁豆	16 克
猴头菇	12 克	蜜枣	7 颗
芡实	10 克	姜	2 片
山药	28 克	盐	适量
桂圆肉	10 克		

烹饪方法

1 猴头菇提前用水浸泡 3 小时以上，期间反复揉洗，多次换水以去除苦味。

2 山药、芡实和白扁豆用水浸泡 30 分钟。

3 猪骨洗干净后焯水 2 分钟，去血水去沫，捞出洗净后待用。

4 猴头菇撕成小朵，和除盐外的全部材料一起放入锅里，锅内加入 2.5 升左右的冷水。大火煮开后，转小火煮 2 个小时；出锅前加入盐调味即可。

中医认为“春养肝、夏补心、秋养肺、冬补肾”。冬季是补肾的好季节，此时正适合吃一些杜仲和牛尾来补肾。

CHAPTER 02

杜仲花生牛尾汤

材料

牛尾	500 克	大枣	5 颗
花生	40 克	料酒	30 毫升
杜仲	12 克	姜片	5 片
枸杞	少许	盐	适量

烹饪方法

1 牛尾洗净，用冷水浸泡 30 分钟。

2 锅中烧一锅水，放入牛尾和姜片一起焯水，去掉血水后捞出。

3 将花生、杜仲、大枣洗净后，连同牛尾和姜片一起放进锅里，大火烧开。

4 烧开后可加入料酒，小火炖 1.5 小时。

5 出锅前 5 分钟加入枸杞和盐调味即可。

功效分析

杜仲具有补肝肾、强筋骨之功效，与花生、大枣、牛尾一起煲汤，特别适合腰膝酸软、久坐气血不足的男士饮用。

CHAPTER
03

牛大力杜仲猪骨汤

牛大力有“南方小人参”的美誉，并有“牛大力配一宝，不看医生身体好”的说法。牛大力搭配不同的食材，能更完美地促进营养的吸收和利用。

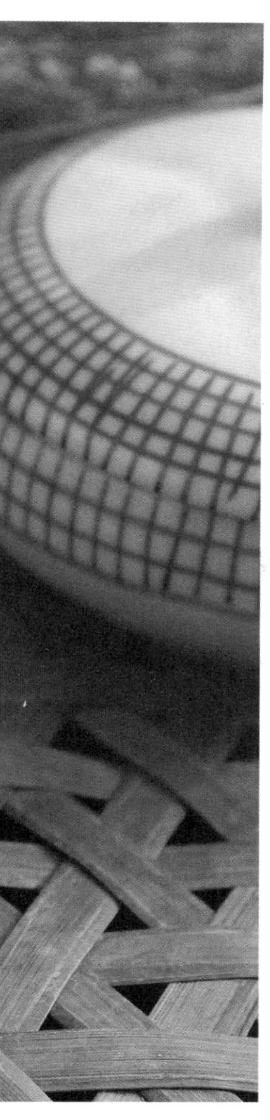

功效分析

此汤具有补虚益肾、强筋活络的功效，尤适合肝肾两虚、腰肌劳损的男士饮用。

材料

猪扇骨	180 克	大枣	4 颗
杜仲	10 克	姜	1 片
牛大力	18 克	盐	少许

烹饪方法

1 牛大力洗净，用水浸泡 1 小时。

2 猪扇骨洗净斩块，放进沸水中焯水，去除油脂、杂质和血水，捞起沥水。

3 除盐外的所有材料一起放进炖盅里，加适量水，隔水炖 2 小时。

4 出锅前放入盐调味即可。

中年男人容易胆固醇高，长啤酒肚。适合多吃些蔬菜，喝些比较清淡的汤。胡萝卜、玉米、排骨，一听就是营养全面的好搭配。

CHAPTER
04

胡萝卜玉米筒骨汤

材料

猪筒骨	700 克
胡萝卜	2 根
玉米	2 个
生姜	3 片
盐	适量

烹饪方法

1 胡萝卜去皮，玉米洗净后切块。

2 猪筒骨洗净，加凉水烧开，煮出浮沫和血水，然后捞起来。

3 把除盐外的全部材料放入锅内，加入 2.5 升左右的冷水。

4 开大火煮开后，转小火慢煲 2 小时。

5 出锅前放盐调味即可。

功效分析

此汤甘甜清爽，老少皆宜，尤适合视力欠佳、饮食不香的男士饮用。

CHAPTER 05

虫草花五指毛桃汤

五指毛桃并不是桃，是因叶子形似五指，结像毛桃的果实而得名。五指毛桃生长在无任何污染的深山幽谷之中，是我国公认的汤料皇。

功效分析

猪骨营养丰富，与虫草花、五指毛桃、党参、茯苓、薏米、山药一起煲汤，对于免疫力低下、思虑过度、饮食不香的男士有很好的调理作用。

材料

猪骨	500 克	党参	20 克
虫草花	10 克	山药	20 克
五指毛桃	20 克	姜	2 片
薏米	20 克	盐	适量
茯苓	20 克		

烹饪方法

1 薏米和山药用水浸泡 20 分钟；虫草花清洗干净，用水浸泡一会儿。

2 猪骨洗净后焯水 2 分钟，去血水去沫，捞出洗净后待用。

3 将除盐外所有材料放入锅内，加适量清水，大火煮滚后转小火煲 2 小时。

4 出锅前调入适量盐即可。

鲍鱼是任何人都爱的美味，又具有很好的滋补强身、改善体质与免疫力的作用。

CHAPTER 06

清炖鲍鱼汤

材料

鲍鱼	2个	百合	15克
猪骨	200克	姜	2片
莲子	18克	盐	少许

烹饪方法

1 鲍鱼去壳洗干净，鲍鱼壳用刷子刷干净。

2 锅内加水烧开，放入猪骨和2片姜焯水，去血水去沫，捞出备用。

3 百合和莲子用水浸泡1小时。

4 除盐外所有材料放进炖盅内，加入适量清水，炖盅放入锅内，大火烧开后转小火，隔水炖2小时；关火前加入盐调味即可。

功效分析

莲子、百合皆有清心安神之功，与鲍鱼、猪骨一起煲汤，能够很好地改善男士因工作繁忙而导致的用脑过度、精神紧绷、睡眠不安等情况。

CHAPTER 07 栗子炖鸡汤

材料

鸡	250 克
栗子	400 克
枸杞	少许
姜	3 片
盐	少许

功效分析

栗子味甘，性温，入脾、胃、肾经，有补肾强筋之功效，用本品煲汤，尤适合肾虚腰脚无力者服用。

烹饪方法

1 板栗去壳，放入滚水中煮 2 分钟，捞出放凉后剥去板栗皮。

2 鸡洗净斩块，放沸水中焯水，去除杂质和血水，捞起沥水。

3 把除枸杞、盐外的所有材料放入汤锅里，并加入适量清水。

4 大火烧开，然后转小火慢炖 1.5 至 2 小时。

5 加入枸杞和盐调味即可。

CHAPTER 08 竹荪排骨汤

材料

排骨	400克
竹荪	适量
山药	300克
生姜	3片
盐	适量

功效分析

此汤不仅有很好的滋补作用，对于“三高”也有一定的辅助调理作用，尤适合老年男性饮用。

烹饪方法

1 排骨和姜放入冷水锅中焯水。
2 竹荪剪掉菌尾端及顶部的网状物，用盐水浸泡15分钟。
3 山药去皮切块泡在水里面。
4 将山药、排骨和生姜放入煲中，加适量清水，大火烧开后转小火慢炖1.5小时。
5 放入竹荪继续炖煮20分钟。
6 关火前加入盐调味即可。

猴头菇从远处看过去很像金丝猴头，过去这种山珍只有宫廷、王府才能享用。它质地脆嫩、味道香醇，口感近似瘦肉，所以贵有“素中荤”“山珍猴头”“海味燕窝”等誉称。

CHAPTER
09

猴头菇猪骨汤

材料

猴头菇	30 克	枸杞	适量
猪骨	500 克	姜	2 片
玉米	1 个	盐	少许

烹饪方法

1 猴头菇用温水浸泡 2 至 3 个小时，其间反复将猴头菇里面的水分挤出，重新换水。

2 猪骨冷水入锅，焯水 2 分钟；玉米切小块；猴头菇剪去蒂部硬硬的老根并撕成小块。

3 除枸杞和盐外的材料入锅，加适量清水。

4 大火煮开后，转小火炖 1.5 至 2 小时；出锅前调入枸杞和盐即可。

功效分析

猴头菇利五脏、助消化；玉米益心肺、利小便。此汤老少皆宜，尤适合大小便不利、食欲不振的老年男性饮用。

CHAPTER 10

灵芝山药大枣炖鸡汤

药典中灵芝具有传奇色彩，被视为仙草，与其他美味配伍烹饪是上好极品。灵芝用作药膳极佳，最好搭配鸡，因鸡汤味浓，可以盖住灵芝的苦涩味。

功效分析

此汤具有安神养气、开胃强身之功效，尤适合工作压力大、心神不宁、免疫力低下的男士饮用。

材料

灵芝	15 克	陈皮	1 小块
鸡肉	500 克	姜	3 片
山药	25 克	盐	适量
大枣	5 颗		

烹饪方法

1 鸡肉斩块，清洗干净。

2 将鸡块放入沸水锅中焯水 2 分钟，可以除去血水和浮油。

3 陈皮泡软后，刮掉白色内瓤，以防味苦。

4 把除盐外的所有材料放入锅里，加入 2.5 升左右的冷水。

5 大火煮开后，转小火煮 2 个小时；出锅前加入盐调味即可。

CHAPTER 11

猪骨山药祛湿健脾汤

体内湿气重时，人会感觉困倦、少食欲、身体四肢沉重、皮肤起疹、脸上黏腻不舒服，甚至出现肠胃炎现象。这时候就该食用一些祛湿的汤水了。

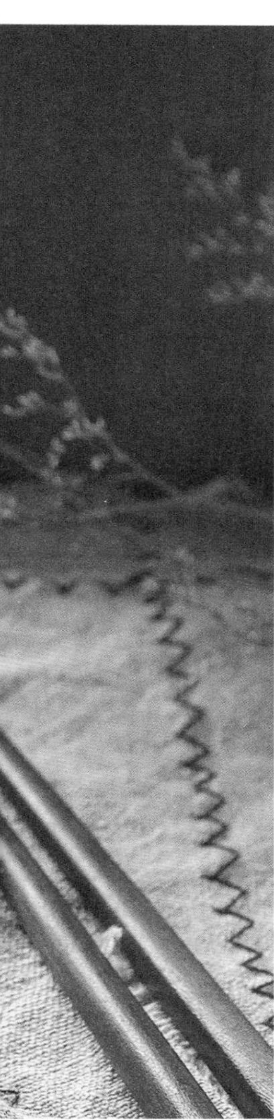

功效分析

气候潮湿、涉水淋雨或居处潮湿，很容易导致湿邪困脾，从而引起胸闷不舒、小便不利、食欲不振、大便溏泄等症。面对这种情况，不妨多饮此汤作为辅助调理之用。

材料

猪扇骨	500 克	赤小豆	30 克
山药	15 克	蜜枣	2 颗
薏米	30 克	陈皮	1 块
土茯苓	30 克	盐	适量
白扁豆	30 克		

烹饪方法

1 山药、薏米、白扁豆和赤小豆洗净，用水浸泡 30 分钟。

2 猪扇骨洗干净斩块，放进沸水中焯水，去除杂质和血水，捞起沥水。

3 陈皮用水泡软，然后刮掉白色内瓤。

4 将除盐外的所有材料入锅，加入 2 升左右的冷水，大火煮开后转小火慢煲 1.5 小时。

5 出锅前 10 分钟放入盐调味即可。

胡萝卜排骨汤，既可以做蔬菜又可以做药膳。早在古时候中医就已经意识到了它的功效：能够补中下气、滋润肠胃，对五脏也十分有益。

CHAPTER 12

胡萝卜排骨汤

材料

胡萝卜	2根	猪排骨	500克
山药	80克	姜	2片
蜜枣	2颗	盐	适量

烹饪方法

1 胡萝卜洗净，去皮，切为块状；山药去皮，洗净，切小块。

2 猪排骨洗净，冷水入锅，水开后焯水几分钟。

3 把猪排骨、山药、胡萝卜、蜜枣和姜片放入锅里，加适量的水。

4 开大火烧开后转小火慢炖1.5小时。

5 关火前加适量盐调味即可。

功效分析

此汤有补中益气之功效，老少皆宜，尤适合饮食不规律或有慢性胃肠疾病的男士饮用。

CHAPTER 13

杜仲黑豆猪尾汤

出现什么症状才是肾虚？凡人体出现腰背酸痛，夜尿增多，易倦怠，基本上都有肾气不足的现象。在没有肾虚之前，就应该滋肾水，可以服用杜仲黑豆猪尾汤。

功效分析

杜仲，性温味甘，有补肝肾、强筋骨的功效，与黑豆和猪尾合而为汤，适用于肾虚腰痛、筋骨无力的男士。

材料

猪尾	1条	大枣	6颗
黑豆	70克	姜	3片
杜仲	10克	盐	适量

烹饪方法

1 黑豆洗净，提前浸泡1小时。

2 猪尾去毛斩成小段，大枣去核。

3 猪尾凉水下锅，大火烧开后焯水1分钟，洗干净备用。

4 除盐外的所有材料放入锅中，加适量清水，大火烧开后转小火慢炖1.5小时。

5 出锅前调入食盐即可。

CHAPTER 14

西洋参虫草花汤

滋阴补气的西洋参、安神的百合、排毒的绿豆、美味的无花果，配合粉脆的山药、扁豆，就是一道居家常备的排毒养颜老火靓汤。但孕妇不宜，小孩也只能少量饮用。

功效分析

西洋参味甘微苦，性凉，入心、肺、肾经，能滋阴补气、清热生津，被视为补药之上品。

材料

鸡	半只	无花果	10 克
西洋参	6 克	绿豆	20 克
虫草花	20 克	山药	15 克
玉竹	10 克	姜	2 片
百合	10 克	盐	适量
白扁豆	10 克		

烹饪方法

1 虫草花稍微清洗一下备用。

2 西洋参、玉竹、百合、白扁豆、无花果、绿豆、山药分别清洗干净，用水浸泡片刻，放在一旁备用。

3 将鸡处理干净，清水下锅，水煮沸后焯水 1 分钟，捞起冲洗干净待用。

4 把所有材料放入煲中，加适量清水，大火煮沸后转小火煲 1.5 至 2 小时。

5 关火前加入适量的食盐调味即可。

CHAPTER
15

姬松茸茶树菇鸡汤

产妇在坐月子时，身子非常虚弱，需要喝些鸡汤来补身体，如果配上高营养的茶树菇和姬松茸，汤会更加营养，也更能强健身体。

功效分析

茶树菇、姬松茸和花菇都有防癌抗癌、增强免疫力的作用，党参能补中益气、健脾益肺。此汤除适合坐月子的妇女饮用外，也适合体虚的男人饮用。

材料

鸡	半只	花菇	4朵
姬松茸	8克	党参	10克
茶树菇	25克	枸杞	少许
盐	适量		

烹饪方法

1 所有材料用清水洗净，浸泡片刻备用。

2 花菇泡软后剪去根蒂。

3 鸡肉斩块，放入盛清水的锅中，煮沸后焯水2分钟，捞出洗净备用。

4 把除枸杞和盐外的所有材料放入煲中，倒入适量清水，大火煮沸后转小火煲1.5至2小时。

5 关火出锅前5分钟加入枸杞。

6 放适量的盐即可。

近些年，各种各样的补品陆续走上人们的餐桌。在炖制补品的时候，许多人都会加入各种中药材，比如巴戟、杜仲、当归、山药等，巴戟杜仲炖猪腰是秋冬季节一味常见的补品。

CHAPTER 16

杜仲巴戟炖猪腰汤

材料

巴戟	17克	枸杞	适量
杜仲	12克	料酒	适量
猪腰	1个	盐	适量

烹饪方法

1 猪腰对半切开，去掉里面白色的臊腺。

2 猪腰用开水汆一下，水开后放点料酒去除腥味，汆好后将猪腰切小段。

3 将杜仲和巴戟清洗干净。

4 将巴戟、杜仲和猪腰放入炖盅锅，加入适量清水，隔水炖2小时。

5 起锅前加入枸杞和盐调味即可。

功效分析

此汤具有滋补养肾、强壮筋骨之功效，适用于长期工作后腰酸背痛、四肢乏力的男士饮用。

CHAPTER
17

无花果海底椰猪蹄汤

这款汤中放了北杏，少量食用对身体有益，但北杏有小毒，所以不宜过量食用。

功效分析

此汤有很好的滋阴补肾、润肺清肠的功效，身体功能较弱的老年人应多食用此汤，有利于改善精神状态，强壮身体功能。

材料

猪蹄	1 只	南杏	10 克
无花果	30 克	北杏	10 克
桂圆	15 克	姜	3 片
海底椰	15 克	盐	适量

烹饪方法

1 准备好材料，清洗干净待用。

2 猪蹄斩块，放入凉水中，大火煮开后焯水 2 分钟，然后捞出来冲洗干净。

3 除盐外的所有材料入锅，加约 2 升左右的清水，大火煮开后转小火慢煲 1.5 至 2 小时。

4 出锅前加入食盐即可。

Part 05

元气靓汤，调节亚健康，激发身体自愈力

几款专门应对上班族亚健康的好汤，
有好的身体，才能更好地完成工作。

一到季节更替的时候，总担心家人感冒咳嗽。通常我会准备一些梨、荸荠等润肺化痰的食品给家人吃，有很好的预防功效哦！

CHAPTER
01

梨藕荸荠汤

材料

莲藕	300 克
雪梨	1 个
荸荠	7 颗
山药	150 克
冰糖	适量

烹饪方法

1 将莲藕和山药去皮切小块；雪梨去核切块；荸荠去皮。

2 除雪梨和冰糖外的其他材料放入锅里，加适量的清水，开火加热。

3 大火烧开后，转小火煮 30 分钟。

4 30 分钟后再加入雪梨煮 10 分钟。

5 出锅后放入冰糖，待冰糖完全溶化即可。

功效分析

梨子生津止渴；荸荠清热生津、化痰消积；莲藕健脾止泻；山药补脾养胃。熬夜、咽喉干痒、食欲不振者适饮。

CHAPTER 02

石斛麦冬瘦肉汤

材料

石斛	14 克
麦冬	12 克
蜜枣	2 颗
瘦肉	300 克
盐	适量

功效分析

石斛益胃生津，滋阴清热；麦冬养阴生津，润肺清心。烟酒过多、上火、熬夜者适饮。

烹饪方法

1 石斛和麦冬用水浸泡 30 分钟。

2 瘦肉洗干净后剁成肉糜。

3 将瘦肉连同石斛、麦冬和蜜枣一起放进炖盅，加入适量的水。

4 锅里放适量清水，把炖盅放进锅里隔水炖。

5 大火烧开后，转小火慢炖 2 小时，出锅前加入盐调味即可。

CHAPTER 03

山药鸽子汤

材料

鸽子	1只
山药	200克
姜	2片
料酒	少许
枸杞、盐	各适量

功效分析

山药脾肺肾三脏同补，与鸽子一起煲汤，适合免疫力低下、代谢失调、易疲劳者饮用。

烹饪方法

1 锅内烧开水，加少许料酒，把鸽子放进去焯水2分钟，去血水去沫，捞出洗净后待用。

2 山药去皮切块。

3 炖锅里倒入适量清水，放入鸽肉、山药块、姜片。

4 大火烧开后，转小火炖1.5小时。

5 关火前加入枸杞和盐调味即可。

经常熬夜加班、经常说话、经常抽烟、工作环境空气循环不佳的人，都适合喝这道汤品。另外，罗汉果还可以泡水喝，一样可以清肺润肠。

CHAPTER
04

罗汉果百合煲猪骨汤

材料

罗汉果	1/2 个	猪骨	500 克
百合干	25 克	姜	2 片
无花果干	10 颗	盐	适量

烹饪方法

1 猪骨洗净，用水焯 2 分钟去血水去沫，捞出洗净后待用。

2 百合干用水浸泡 30 分钟。

3 把除盐外的所有材料放入锅里，加入 2.5 升左右的清水。

4 开大火煮开后，转小火炖 2 小时。

5 出锅前加入盐调味即可。

功效分析

罗汉果清热润肺、滑肠通便，百合养阴润肺、清心安神，无花果健脾开胃、解毒消肿。应酬熬夜、肠燥便秘、心神不宁者适饮。

CHAPTER
05

灵芝虫草花排骨汤

生活中，总有一些体弱多病的人药不离口，被称为药罐子。但是，大家都知道，有些药吃多了反而对身体有害，吃药一箩筐，不如来碗灵芝汤。

功效分析

灵芝有益气血、安心神、健脾胃之功效，与虫草花、大枣、百合一起煲汤，适合精神衰弱、体虚气弱、食欲不振、工作疲惫的人作为日常调理之用。

材料

灵芝	15 克	大枣	4 颗
百合干	20 克	姜	2 片
虫草花	70 克	枸杞	适量
排骨	500 克	盐	适量

烹饪方法

1 排骨冷水入锅，水开后焯水 2 分钟，去除油脂、杂质和血水后，捞起沥水并冲洗干净。

2 百合干清洗干净，用水浸泡 15 分钟。

3 将除枸杞和盐外的所有材料放进锅里，加适量清水。

4 大火烧开后，转小火炖 1.5 小时；关火前加入枸杞和盐即可。

CHAPTER 06

太子参炖无花果汤

无花果能调理痰火，若平时吸烟、喝酒过度，或爱吃煎炸食物，很容易导致喉痛、干咳、痰多、口臭或大便不顺等，则应该长期饮用无花果汤。

功效分析

太子参益气健脾、生津润肺；无花果润肺止咳、清热润肠。此汤适合疲惫气虚、肺热多嗽、燥热便秘、肠胃不佳者饮用。

材料

太子参	20 克	蜜枣	3 颗
无花果	50 克	姜	3 片
瘦肉	300 克	盐	适量

烹饪方法

1 太子参和无花果用水浸泡 10 分钟。

2 瘦肉切块，洗干净后与泡好的无花果、太子参、姜片和蜜枣一起放入炖盅内。

3 炖盅内加入 4 碗水，隔水炖 2 小时。

4 出锅前加入盐调味即可。

CHAPTER 07

鲍鱼仔花菇黄芪汤

推不完的酒桌应酬，忙不完的文案工作，使得眼睛和健康的肝脏已经受到了伤害。喝一碗鲍鱼仔花菇黄芪汤，在美食中达到呵护身体的目的。

功效分析

鲍鱼仔滋补肝肾，花菇益味助食，沙参润肺益胃，玉竹滋阴润燥，无花果清肺润肠，枸杞滋补肝肾，蜜枣补中益气，黄芪补气固表。此汤适合肝肾不佳、体弱气虚者及长期工作疲惫的人喝。

材料

鸡肉	500 克	枸杞	适量
鲍鱼仔	3 个	无花果	5 颗
花菇	3 朵	蜜枣	2 颗
黄芪	10 克	姜	3 片
沙参	10 克	盐	适量
玉竹	10 克		

烹饪方法

1 鲍鱼仔洗净，用水浸泡 5 小时。

2 蜜枣、枸杞洗干净即可，其他材料泡 20 分钟后洗净。

3 鸡肉洗干净后焯 2 分钟，去血水去沫，捞出洗净后待用。

4 将除鸡肉、盐外的所有材料一起放入锅内，加适量清水，大火煮滚后放入鸡肉，转小火煲 2 小时；出锅前调入适量盐即可。

菌菇汤是一道美味的菜肴。俗话说“冬吃萝卜，夏吃姜，一年四季喝菌汤”可见菌汤对人的益处有多大。用牛骨汤煲制鲜菌，不仅成本低，提鲜效果也很棒，值得推荐。

CHAPTER 08

牛骨菌菇汤

材料

材料	用量	材料	用量
牛骨	600 克	海鲜菇	30 克
花菇	5 朵	姜	3 片
茶树菇	35 克	盐	适量
金针菇	40 克		

烹饪方法

1 将所有菇类清洗干净；长的菇类切段，去掉尾部。

2 牛骨洗净后焯水，去除多余血水和油脂。

3 锅中倒入足量清水，放入牛骨和姜片，用大火烧开后转小火炖 1 小时。

4 1 小时后加入各种菌类，继续煮 30 分钟。

5 关火前调入盐即可。

功效分析

此汤有增强免疫力、补钙及益气开胃的作用，适合免疫力低下、骨质疏松、食欲不振者饮用。

CHAPTER
09

白果腐竹薏米糖水

白果中含有毒素，切记不可生食，食用前一定要用水彻底煮熟。也不可食用过量，成人一般每日不应超过 10 粒，儿童应避免食用。

功效分析

白果敛肺定喘，腐竹清热润燥，莲子清心安神，薏米健脾渗湿。夜不安眠、脾虚肺热者适饮。

材料

白果	8 颗	鸡蛋	2 个
薏米	70 克	腐竹	适量
莲子	12 颗	冰糖	适量

烹饪方法

1 薏米和莲子等清洗干净，用水浸泡 1 小时。

2 腐竹切段洗净后放在水里浸软；白果肉用热水浸泡 5 分钟后去皮去芯。

3 锅里放入清水，再放入薏米、莲子和白果，大火烧开后，转小火煮 1 小时。

4 鸡蛋用水煮熟，去壳备用。

5 锅中加入腐竹和鸡蛋煮 5 至 10 分钟；起锅前放冰糖待溶化即可。

CHAPTER
10

清补凉瘦肉汤

夏季阳光太强，室外工作者长时间在高热环境下工作很容易中暑，这时候应该喝一些清补解毒的汤品进行调理。

功效分析

此汤清甜滋补，有祛湿开胃、滋养五脏功效，特别适宜身体瘦弱、虚不受补者饮用。

材料

瘦肉	500 克	玉竹	10 克
薏米	20 克	芡实	10 克
莲子	10 克	蜜枣	2 颗
百合	10 克	龙眼	10 颗
山药	20 克	盐	适量

烹饪方法

1 薏米、莲子、百合、山药、芡实用水浸泡 1 小时，其他材料洗干净。
2 瘦肉洗干净切块。
3 将除盐外的所有材料入锅，加入 2 升左右的清水。
4 大火煮开后，转小火慢煲 1.5 小时。
5 出锅前 10 分钟放入盐调味即可。

又加班了吗？又熬夜了吗？是否感觉身体被掏空？来一碗干贝冬瓜汤，快手而且很鲜很好喝。

CHAPTER 11

干贝冬瓜汤

材料

冬瓜	600 克
干贝	30 克
浓汤宝	1 盒
葱	适量

烹饪方法

1 干贝洗净，放入水中浸泡一会儿。

2 冬瓜洗净去内瓤，切成小块，倒进锅里，用大火烧开。

3 烧开后倒进浓汤宝，转小火炖 20 分钟。

4 将干贝和泡干贝的水一起倒进锅里，继续煮 20 分钟，再撒上葱花即可。

功效分析

干贝具有滋阴养血、补肾调中之功效，与冬瓜一起煲汤，特别适合阴虚盗汗、血虚失眠、脾肾两虚者饮用。

CHAPTER 12

党参山药栗子汤

慢性疲劳综合征对都市人来说不是一个陌生的名词。有这种综合征的人会出现精神萎靡、食欲下降、倦怠乏力、忧虑失眠，或者心悸心慌、记忆力衰退等症状，虽不危及性命，却令人困扰。党参山药栗子汤有助于消除慢性疲劳症状，值得推介。

功效分析

此汤能健脾益气，缓解亚健康，补肾养血，贫血、面色无华、慢性疲劳、产后或术后气血虚弱人士都很适合。

材料

猪骨	500 克	大枣	6 颗
党参	3 根	姜	2 片
栗子	60 克	盐	适量
山药	20 克		

烹饪方法

1 将党参、山药、大枣清洗干净。

2 栗子用水煮开，去皮去衣待用。

3 将猪骨洗净，放入凉水中，大火煮开后焯水 2 分钟，再捞出来冲洗干净。

4 将除盐外的所有材料一起下锅，加适量清水，大火滚沸后改小火煲约 1.5 小时。

5 出锅前加入食盐调味即可。

CHAPTER 13

粉葛萝卜煲猪脾汤

如今，越来越多的人加入了加班熬夜的大军，养成了一些不良的饮食习惯，许多人的肝火都非常旺盛，所以教大家一款汤品来降降火。

功效分析

粉葛是舒缓各种“火”的利器；猪脾有健脾胃、助消化、养肺润燥、去肝火的功效。两者合而为汤，能清热泻火，还能让人保持好心情，拥有好睡眠。

材料

粉葛	300 克	猪脾	1 个
胡萝卜	1 根	姜	2 片
猪骨	200 克	盐	适量

烹饪方法

1 粉葛洗干净，削去外皮，再切成小方块。

2 胡萝卜去皮切块。

3 将猪脾刮去苔，和猪骨一起洗净，放入凉水中，用大火煮开后焯水 2 分钟，再捞出洗净。

4 除盐外的所有材料下锅，加适量清水，大火煮沸后改小火煲约 2 小时。

5 出锅前加入食盐即可。

CHAPTER 14 砂仁炖瘦肉汤

材料

瘦肉	400 克
春砂仁	10 颗
大枣	5 颗
盐	适量

功效分析

此汤有化湿开胃、温脾止泻之功效，尤适合胃口差、爱腹泻的人饮用。

烹饪方法

1 瘦肉洗干净后，剁碎。

2 春砂仁泡洗一小会儿，去掉表面的尘土。

3 把瘦肉搓成一团和砂仁放入炖盅，加入大枣，倒入水，隔水炖 1.5 至 2 小时。

4 关火前加入适量盐调味即可。

CHAPTER 15 椰子煲鸡汤

材料

鸡肉 500 克
椰子 1 个
枸杞 少许
姜 2 片
盐 适量

功效分析

椰子味甘，性温，具有补虚生津之功效，用本品煲汤，特别适合素体虚弱、免疫力低下者饮用。

烹饪方法

1 在椰子顶部切一个小盖，用碗装好椰子汁，椰肉切成条状。
2 将鸡洗净后剁成小块，放入沸水中焯 5 分钟，去掉血水，捞起备用。
3 鸡肉、椰子肉和姜片放进锅里，大火烧开后转小火炖 1.5 小时。
4 关火前 20 分钟倒入椰子汁。
5 出锅前调入盐和枸杞即可。

CHAPTER 16

大枣花生扁豆猪脚筋汤

春夏交替的时候，人容易出现春困与亚健康状态，适合食用一些补气养血、强身健体、预防疾病的汤水。

功效分析

花生能补肾健脾，扁豆除了祛湿利水，还有健脾益气的作用，而大枣能补气养血，与猪脚筋合而为汤，有强健身体、缓解亚健康的作用。

材料

猪脚筋	4 条	大枣	3 颗
猪蹄	1 只	姜	2 片
扁豆	40 克	料酒	适量
花生	40 克	盐	少许

烹饪方法

1 猪蹄洗净、斩块。

2 猪脚筋和猪蹄、姜片一起放到开水锅中，倒适量料酒，焯水 2 分钟，捞起备用。

3 花生和扁豆清洗干，用水浸泡 30 分钟。

4 将除盐外的所有材料一起放入电饭煲，加适量清水，用煲汤功能即可。如用其他锅，大火烧开后转小火炖 1.5 小时。

5 关火前加入盐调味即可。

CHAPTER
17

响螺片山药枸杞汤

办公族用脑过度、经常熬夜、睡眠质量差，很容易出现亚健康状况，严重影响到工作和生活，给人带来极大的不便。在日常饮食中调理身体，是一种不错的选择。

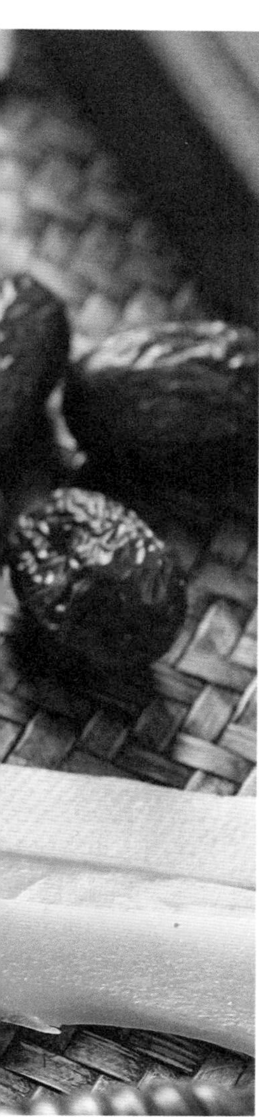

功效分析

大枣能安神、补脾胃、辅助降血脂，玉竹能润肺、滋阴、养胃，与养肝明目、温中补肾的响螺片一起煲汤，能缓解亚健康状况。

材料

鸡	半只	玉竹	10 克
响螺片	14 克	枸杞	少许
山药	18 克	姜	2 片
大枣	4 颗	盐	适量
蜜枣	2 颗		

烹饪方法

1 响螺片提前用清水浸泡 2 小时，剪成条状。

2 鸡肉斩块，放入装有清水的锅中煮开，焯水 1 分钟，捞起冲洗干净待用。

3 除枸杞和盐外的其他材料清洗干净，并浸泡片刻。

4 将除枸杞和盐之外的材料一同放入汤锅中，并加入适量清水。

5 用大火把汤烧开，然后转小火慢炖 2 小时左右。

6 关火前 5 分钟加入枸杞和食盐调味即可。

Part 06

对症药膳汤，赶走疾病，塑造健康好体质

吃药不如喝汤，小病不必求医，
针对不同体质的功效特效汤。

CHAPTER 01

沙参玉竹麦冬汤

沙参麦冬汤来源已久，在吴鞠通的《温病条辨》里便早有记载："燥伤肺卫阴分，或热或咳者，沙参麦冬汤主之。"

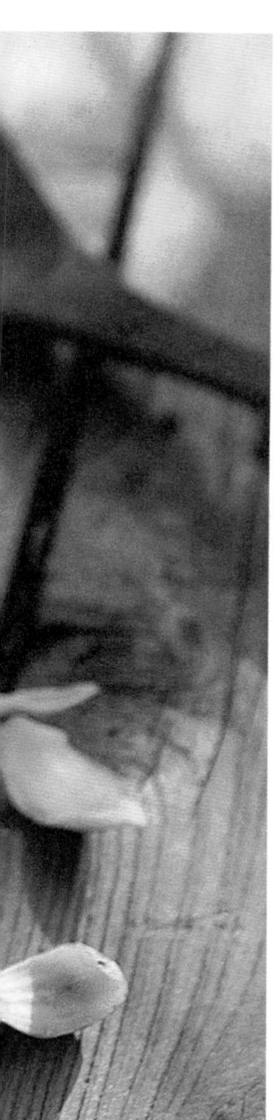

功效分析

沙参具有清热养阴、润肺止咳之功效，与玉竹、麦冬一起煲汤，对于慢性支气管炎、肺热咳嗽等肺系病有很好的辅助调理作用。

材料

鸭肉	500 克	枸杞	10 粒
沙参	15 克	生地	10 克
玉竹	10 克	蜜枣	2 颗
麦冬	15 克	盐	适量
百合	10 克		

烹饪方法

1 将所有干货材料清洗干净。

2 将鸭肉洗净，焯水 2 分钟去血水去沫，捞出洗净后待用。

3 将除盐外的所有材料入锅，加入 2.5 升左右的清水，大火煮开后转小火慢煲 2 小时。

4 出锅前放盐调味即可。

CHAPTER
02

车前草煲猪小肚汤

有时候会感觉食欲不振、口苦黏腻和出现小便短赤等症状，不仅给生理带来不便，精神也会受到影响，不如喝一碗车前草煲猪小肚汤调理。

功效分析

车前草，味甘，性寒，入肝、肾、膀胱经，具有清热利尿、凉血解毒之功效，用本品煲汤，对于泌尿系统疾病兼见小便短赤不利者有很好的辅助调理作用。

材料

猪小肚	1个	姜	1片
赤小豆	60克	料酒	少许
车前草	适量	盐	适量
面粉	适量		

烹饪方法

1 把猪小肚剖开，用面粉、盐搓洗，然后用清水冲洗干净。

2 猪小肚用开水焯一下，加入姜和料酒除去异味，焯好后切小块备用。

3 赤小豆清洗干净，用水浸泡1小时；车前草洗干净。

4 将除盐外的所有材料放入砂煲内，大火煮开后，小火慢炖1.5小时。

5 出锅前调入适量盐即可。

小孩子厌食怎么办？妈妈们总遇到这样的难题。别着急，马上给妈妈献上一道让孩子爱上吃饭的汤食谱。开胃汤，好帮手；孩子吃饭香，妈妈不用愁。

CHAPTER 03

太子参白术开胃汤

材料

猪扇骨	500 克	薏米	1 小把
太子参	10 克	蜜枣	2 颗
白术	1 小把	姜	3 片
茯苓	1 小把	陈皮	适量
扁豆	1 小把	盐	适量

烹饪方法

1 将太子参、白术和茯苓洗净备用。

2 薏米、扁豆洗净，用清水浸泡 30 分钟。

3 陈皮洗净，刮掉白色内瓤。

4 猪扇骨洗干净后放入沸水中焯水。

5 将除盐外的所有材料入锅，加入 2.5 升左右的清水。

6 大火煮开后，转小火慢煲 2 小时；起锅前放盐调味即可。

功效分析

太子参、白术皆有益气健脾之功，合而煲汤，适合食欲不振、病后虚弱者饮用。

CHAPTER 04 白果炖鸡汤

材料

鸡	1/2 只
白果	25 克
大枣	4 颗
姜	2 片
盐	适量

功效分析

白果有敛肺定喘、止带缩尿之功效，用本品煲汤，对于哮喘痰嗽、白浊、遗精、尿频等皆有一定的作用。

烹饪方法

1 鸡斩块后洗净，焯水 2 分钟，去血水去沫，捞出洗净待用。

2 将水煮开，将去壳白果仁放入，煮一会儿，用竹筷搅拌去除红衣。

3 锅内加入 2.5 升左右的清水，放入鸡肉、大枣、姜片，大火煮开后，转小火煮 30 分钟。

4 30 分钟后放白果，继续煲 1 小时；出锅前放盐调味即可。

CHAPTER 05 冬瓜薏米排骨汤

材料

猪骨	500 克
冬瓜	500 克
薏米	70 克
生姜	2 片
盐	适量

功效分析

此汤清淡宜人，具有清热解毒、利湿化滞之功效，适用于身体肥胖者或水肿、小便短赤等患者。

烹饪方法

1 薏米提前用水浸泡 40 分钟。

2 猪骨用滚水焯一下，洗净浮沫，捞起备用。

3 冬瓜洗净切块（不喜欢吃冬瓜皮的可以去皮）。

4 锅里放适量水，放入焯好的猪骨、薏米、生姜和冬瓜，大火烧开后，小火煲 1 小时。

5 关火前调入盐即可。

CHAPTER 06

花旗参鸽子汤

民间有“一鸽胜九鸡”的说法，足以见得其营养丰富。用鸽子煲汤，味道鲜美，肉质嫩滑。不过此汤不宜多服，一个月最好一次。

功效分析

花旗参有补气养阴、清热生津之功效，与鸽子一起煲汤，适合产后气阴两虚者及肺结核、肺气肿、冠心病患者调理身体之用。

材料

鸽子	1只	百合	20克
猪尾龙骨	200克	姜	2片
花旗参	5克	盐	适量
绿豆	30克	料酒	适量

烹饪方法

1 锅内烧开水，加入少许料酒，将鸽子和猪骨放入，焯水2分钟去血水去沫，捞出洗净后待用。

2 将百合和绿豆清洗干净，用水浸泡15分钟。

3 绿豆、百合、花旗参、鸽子、猪骨和姜片一起放进炖盅，隔水炖2个小时。

4 最后放入盐调味即可。

猪肺很难洗，但只要记住这几步就可以了：用劲压，反复洗，肺变白，达目的。此外，猪肺煮的时候会缩小，所以不必切太小。

CHAPTER 07

雪梨猪肺汤

材料

猪肺	600 克	姜	2 片
无花果	10 颗	油	适量
雪梨	2 个	盐	适量

烹饪方法

1 猪肺清洗干净后切块；雪梨去皮切块。

2 锅内烧开水，猪肺放入沸水中焯水 3 分钟，煮出血沫，捞起洗净后待用。

3 热锅放油，放入姜和猪肺，大火炒片刻后盛出备用。

4 将除盐外的全部材料放入锅内，大火煮开后，转小火慢炖 1.5 至 2 小时。

5 关火前放盐调味即可。

功效分析

本汤适用于燥热伤肺，症见咳嗽痰稠、咳痰不易、咽干口渴者，亦可用于上呼吸道感染、支气管炎等属肺燥者。

CHAPTER
08

土茯苓煲鸡汤

土茯苓煲鸡是一道传统的家常菜肴。土茯苓的营养价值及食疗功效均很不错，它的口感独特且老少皆宜，广东人经常用来煲汤喝。

功效分析

本汤有清热解毒凉血之功效，对于血热、湿毒引起的湿疹皮炎、皮肤瘙痒及女人下焦湿热引起的带下色黄等有一定的辅助调理作用。

材料

鸡肉	600 克	蜜枣	2 颗
土茯苓	40 克	姜	2 片
生地	15 克	盐	适量

烹饪方法

1 土茯苓洗净，用水稍微浸泡一会儿。

2 生地和蜜枣洗干净。

3 鸡肉斩块，洗净后放入沸水中焯水，去除油脂、杂质和血水后捞起来备用。

4 将除盐外的全部材料放进汤锅，加入适量清水。

5 大火煮开后，转小火慢炖 1.5 至 2 小时；关火前加入适量盐调味即可。

CHAPTER 09

鱼腥草汤

材料

猪排骨	500 克
鱼腥草	200 克
蜜枣	2 颗
姜	2 片
盐	少许

功效分析

鱼腥草，味辛，性微寒，入肺经，有清热解毒之功效，此汤尤适用于尿路感染、尿频涩痛患者饮用。

烹饪方法

1 鱼腥草清洗干净备用。

2 猪排骨洗净，用水焯一下去掉血水。

3 把除盐外的所有材料加入锅里，加入适量水，用小火煲 1 个小时。

4 出锅前加盐调味即可。

CHAPTER 10 芡实薏米银耳羹

材料

银耳	1/2 个
芡实	40 克
枸杞	适量
冰糖	适量

功效分析

芡实补脾止泻，薏米健脾渗湿，银耳润肺养胃。此汤适用于慢性胃病、脾虚腹泻患者饮用，亦可作为普通人日常调理之品。

烹饪方法

1 银耳提前 3 小时进行泡发，剪去根蒂，清洗干净后撕成小朵，放在一旁备用。

2 将芡实洗净，用水浸泡 1 小时。

3 将银耳放入锅里，开大火烧开后，转小火慢炖 1 小时。

4 加入芡实，继续用小火炖 1.5 小时。

5 关火前加入冰糖和枸杞即可。

CHAPTER
11

虫草花石斛煲花胶

脾和肾是人的身体中重要的两个器官，脾肾不好的人白天没有精神，晚上尿频，给生活带来极大的不便。

功效分析

虫草花补脾益肾，石斛益胃生津，花胶补肾益精，大枣补中益气。此汤适用于脾肾两虚所引起的神疲困倦、腰膝酸软无力、夜晚尿频、食欲不振、大便溏泄等。

材料

鸡	300 克	大枣	2 颗
虫草花	15 克	姜	4 片
石斛	8 克	盐	适量
花胶	2 条		

烹饪方法

1 花胶用水浸泡 6 小时，虫草花浸泡 5 分钟，石斛、大枣洗干净。

2 鸡肉斩块洗干净后放沸水中焯水，去除油脂、杂质和血水，捞起沥水。

3 把除花胶、盐外的所有材料放入煲中，最后才放上花胶片。

4 加入 2.5 升左右的冷水，大火煮开后，转小火慢煲 2 小时。

5 出锅前 10 分钟放盐调味即可。

CHAPTER 12

五指毛桃排骨汤

客家人自古就有采挖五指毛桃根用来煲鸡、煲猪骨、煲猪脚汤作为保健汤饮用的习惯。其气味芳香、味道鲜美、营养丰富，具有很好的保健作用。

功效分析

五指毛桃味甘，性微温，具有健脾化湿、行气化痰、舒筋活络之功效。用本品煲汤，适用于肺结核咳嗽、慢性支气管炎、风湿性关节炎、腰腿疼、病后盗汗等。

材料

猪骨	400 克	蜜枣	2 颗
五指毛桃	25 克	生姜	2 片
胡萝卜	1 根	盐	适量

烹饪方法

1 胡萝卜削皮切块。

2 五指毛桃洗净，用冷水浸泡 15 分钟。

3 猪骨洗净，放进沸水中焯 2 分钟，去血水去沫，捞出洗净后待用。

4 将除盐外的全部材料放进汤锅，加入适量清水。

5 大火煮开后，转小火慢炖 1.5 至 2 小时；出锅前加入适量盐调味即可。

CHAPTER 13

茶树菇无花果煲鸡汤

果实和菌菇都是蕴含生命能量的食材，是植物的精华所在。这道汤里用到了一种植物果实和一种菌菇，这二者无一是药，作用却非常大。

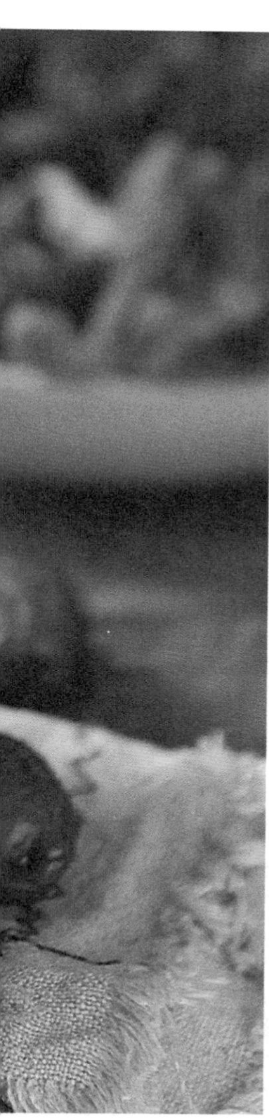

功效分析

菌菇和果实放在一起煲汤，有养阴生津、健脾养胃的作用，常喝能调理肠胃、增强体质，帮助改善食欲不振、消化不良等问题。

材料

鸡	半只	枸杞	适量
茶树菇	30 克	姜	2 片
大枣	5 颗	盐	适量
无花果	25 克		

烹饪方法

1 茶树菇用水浸泡 30 分钟，其间多次换水清洗，去除异味。

2 茶树菇去掉根切成小段，姜切片。

3 将鸡块洗净，放入凉水中，大火煮开沸滚 2 分钟，捞出来冲洗干净。

4 鸡块、茶树菇、大枣、无花果与姜片入锅，加入约 2 升冷水，大火煮开后用小火慢煲 1.5 至 2 小时。

5 出锅前 5 分钟加枸杞和盐调味即可。

CHAPTER 14

虫草花干贝玉米汤

这道汤味道清甜、色香味俱全。在享受美味的同时，还可以补充营养，增强身体免疫力。

功效分析

本汤具有和胃调中、滋阴补肾的功能，能缓解头晕目眩、虚劳咯血、脾胃虚弱等症，常食有助于降血压、降胆固醇、补益健身。

材料

猪骨	400 克	枸杞	5 克
虫草花	20 克	玉米	1 个
干贝	10 克	姜	2 片
玉竹	10 克	盐	适量
芡实	25 克		

烹饪方法

1 虫草花洗净，用水浸泡片刻，直到孢子粉溶解在水中，水变成黄色。

2 干贝、玉竹、芡实浸泡片刻，枸杞洗干净。

3 猪骨斩块，放入清水锅中焯水，捞出后用清水冲洗干净待用。

4 除枸杞和盐外的其他材料放入煲中，和入适量清水，大火煮开后转小火煲 1.5 至 2 小时。

5 起锅前 5 分钟放入枸杞。

6 最后加入适量的盐调味即可。

CHAPTER
15

淡菜山药芡实莲子汤

中医认为："肝常有余，脾常不足。"意思就是小孩子容易肝火盛，脾胃虚弱，所以在日常可以煲些汤水来清肝火，健脾胃。肠胃功能好了，就能减少疾病的发生。

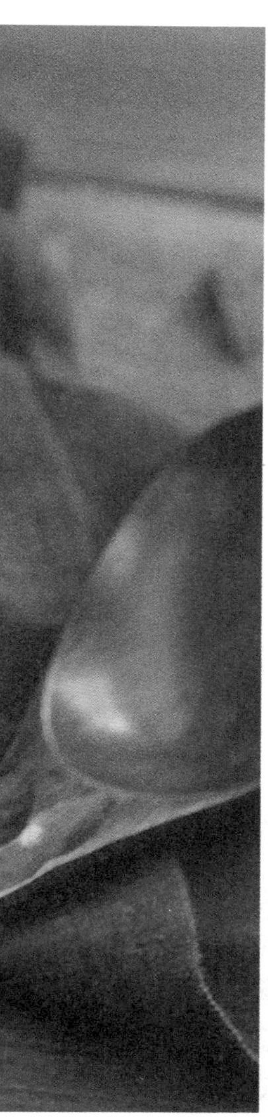

功效分析

这款汤有健脾益气、滋补五脏的功效，对痰多咳嗽的人十分有益。

材料

猪骨	500克	芡实	20克
淡菜干	50克	山药	20克
莲子	15克	姜	2片
蜜枣	2颗	盐	适量
百合	10克		

烹饪方法

1 将淡菜干放入碗中，加入热水烫2小时，直至发松回软。

2 捞出淡菜干，摘去淡菜中心带毛的黑色肠胃，洗干净待用。

3 将猪骨放入凉水中，大火煮开焯水2分钟，捞出来冲洗干净。

4 将莲子、蜜枣、百合、芡实、山药分别浸泡片刻并清洗干净。

5 将除盐外的所以材料放入汤锅中，并加入适量清水。

6 用大火把汤烧开，然后转小火慢炖1.5小时左右，关火前加入适量食盐调味即可。

CHAPTER 16

番薯芋头糖水

一到秋冬季节，广州的大街小巷就遍布一间间小小的糖水店。而番薯芋头糖水正是广州最热门的甜品之一。寒冷的天气里，不如自己动手做一款美味的番薯芋头糖水，温暖自己的心窝吧！

功效分析

番薯能预防肺气肿，抗癌减肥，与芋头一起煲汤，具有宽肠胃、通便的功效，特别适合肠燥便秘及产后便秘的妇女饮用。

材料

番薯	2个
芋头	1个
姜	4片
冰糖	适量

烹饪方法

1 芋头和番薯削皮切块，放入清水中浸泡以防止氧化变色。

2 老姜去皮切片备用。

3 除盐外的所有材料入电饭锅，加适量清水，按煲汤功能键煲1.5小时即可。

4 最后加入冰糖，待冰糖溶解后即可食用。

CHAPTER
17

苹果银耳羹

冬天的时候，老人和小孩子都不宜吃生冷的水果，会对肠胃造成很大的刺激，甚至引起肠胃疾病。不妨将水果做成甜汤：微酸的苹果、甜甜的大枣，配上糯糯的银耳，唇齿留香，念念不忘。

功效分析

苹果具有生津止渴、健脾益胃的功效；银耳中富含胶质，可以润泽肌肤；大枣健脾益胃。合而为汤，尤适合肠胃不好的成人及拉肚子的小孩子食用。

材料

苹果	1个
银耳	半个
大枣	适量
冰糖	适量

烹饪方法

1 提前用水将银耳泡发2小时备用。
2 去掉银耳的根蒂，撕成小朵，放入锅内，加足量水开始炖。
3 大火煮开后转小火炖2小时，至银耳煮至黏稠形成胶状物。
4 将苹果切块，同大枣一起加入锅内。
5 续煮1小时，再加入冰糖至溶化即可。

CHAPTER
18

石斛老鸭汤

铁皮石斛具有独特的滋阴功能，搭配老鸭的清补效果，使得这款汤兼具滋阴清热、补血养肾之效，是一款难得的美味营养补汤。

功效分析

此汤补而不燥、清而不淡，对于口干烦渴、食少干呕、病后虚热、目暗不明等症有良好的效果。

材料

老鸭	半只	莲子	20 克
石斛	15 克	姜	3 片
山药	25 克	盐	适量
薏米	40 克		

烹饪方法

1 准备好材料，简单清洗干净待用。

2 鸭肉斩块，放入凉水中，大火煮开后焯水 2 分钟，然后捞出来冲洗干净。

3 除盐外的所有材料入锅，加约 2 升的冷水，大火煮开后用小火慢煲 1.5 至 2 小时。

4 出锅前加入食盐即可。

玉竹和黄芪都是补气补血的好食材，温而不燥，日常都能煲来喝一喝，再加些大枣和桂圆就更营养了，不过孕妇不宜食用。

CHAPTER 19

玉竹黄芪汤

材料

鸡	半只	大枣	5 颗
黄芪	15 克	枸杞	少许
玉竹	15 克	姜	2 片
桂圆	10 克	盐	适量

烹饪方法

1 将所有材料清洗干净。

2 把鸡肉斩块，放入盛有凉水的锅中，大火煮开后氽水 1 分钟，再捞起冲洗干净。

3 除枸杞和盐外所有材料放进锅中，加入适量清水，大火煮开后转小火慢炖 1.5 至 2 小时。

4 关火出锅前 5 分钟加入枸杞和适量的食盐即可。

功效分析

玉竹养肺，黄芪降脂，与鸡、桂圆、大枣一起煲汤，有保健和防治疾病的功效。